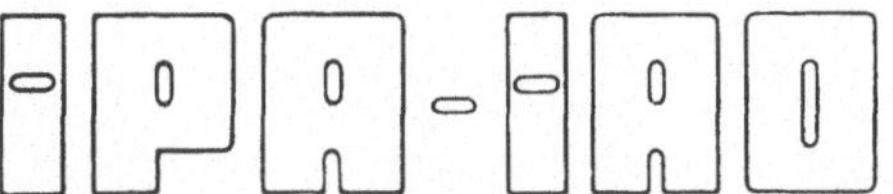

Forschung und Praxis

Band 239

Berichte aus dem
Fraunhofer-Institut für Produktionstechnik
und Automatisierung (IPA), Stuttgart,
Fraunhofer-Institut für Arbeitswirtschaft
und Organisation (IAO), Stuttgart,
Institut für Industrielle Fertigung und
Fabrikbetrieb der Universität Stuttgart und
Institut für Arbeitswissenschaft und
Technologiemanagement, Universität Stuttgart

Herausgeber: H. J. Warnecke und H.-J. Bullinger

Springer

Berlin
Heidelberg
New York
Barcelona
Budapest
Hongkong
London
Mailand
Paris
Santa Clara
Singapur
Tokio

Walter Wincheringer

Ein Verfahren zur reportbasierten Diagnose von technischen Maschinenstörungen in der Instandhaltung

Mit 61 Abbildungen

Springer

Dr.-Ing. Walter Wincheringer
Fraunhofer-Institut für Produktionstechnik und Automatisierung (IPA), Stuttgart

Prof. Dr.-Ing. Dr. h. c. Dr.-Ing. E. h. H. J. Warnecke
o. Professor an der Universität Stuttgart
Fraunhofer-Institut für Produktionstechnik und Automatisierung (IPA), Stuttgart

Prof. Dr.-Ing. habil. Dr. h. c. H.-J. Bullinger
o. Professor an der Universität Stuttgart
Fraunhofer-Institut für Arbeitswirtschaft und Organisation (IAO), Stuttgart

D 93

ISBN-13: 978-3-540-62410-3   e-ISBN-13: 978-3-642-47895-6
DOI: 10.1007/ 978-3-642-47895-6

Geleitwort der Herausgeber

Über den Erfolg und das Bestehen von Unternehmen in einer markt-
wirtschaftlichen Ordnung entscheidet letztendlich der Absatzmarkt.
Das bedeutet, möglichst frühzeitig absatzmarktorientierte Anforderungen sowie deren Veränderungen zu erkennen und darauf zu reagieren.

Neue Technologien und Werkstoffe ermöglichen neue Produkte und er-
öffnen neue Märkte. Die neuen Produktions- und Informationstechno-
logien verwandeln signifikant und nachhaltig unsere industrielle
Arbeitswelt. Politische und gesellschaftliche Veränderungen signa-
lisieren und begleiten dabei einen Wertewandel, der auch in unse-
ren Industriebetrieben deutlichen Niederschlag findet.

Die Aufgaben des Produktionsmanagements sind vielfältiger und an-
spruchsvoller geworden. Die Integration des europäischen Marktes,
die Globalisierung vieler Industrien, die zunehmende Innovationsgeschwindigkeit, die Entwicklung zur Freizeitgesellschaft und die
übergreifenden ökologischen und sozialen Probleme, zu deren Lösung
die Wirtschaft ihren Beitrag leisten muß, erfordern von den Füh-
rungskräften erweiterte Perspektiven und Antworten, die über den
Fokus traditionellen Produktionsmanagements deutlich hinausgehen.

Neue Formen der Arbeitsorganisation im indirekten und direkten
Bereich sind heute schon feste Bestandteile innovativer Unternehmen. Die Entkopplung der Arbeitszeit von der Betriebszeit, integrierte Planungsansätze sowie der Aufbau dezentraler Strukturen
sind nur einige der Konzepte, die die aktuellen Entwicklungsrich-
tungen kennzeichnen. Erfreulich ist der Trend, immer mehr den Menschen in den Mittelpunkt der Arbeitsgestaltung zu stellen - die
traditionell eher technokratisch akzentuierten Ansätze weichen einer stärkeren Human- und Organisationsorientierung. Qualifizie-
rungsprogramme, Training und andere Formen der Mitarbeiterent-
wicklung gewinnen als Differenzierungsmerkmal und als Zukunftsin-
vestition in *Human Recources* an strategischer Bedeutung.

Von wissenschaftlicher Seite muß dieses Bemühen durch die Entwicklung von Methoden und Vorgehensweisen zur systematischen
Analyse und Verbesserung des Systems Produktionsbetrieb ein-
schließlich der erforderlichen Dienstleistungsfunktionen unterstützt werden. Die Ingenieure sind hier gefordert, in enger Zusammenarbeit mit anderen Disziplinen, z.B. der Informatik, der Wirt-
schaftswissenschaften und der Arbeitswissenschaft, Lösungen zu erarbeiten, die den veränderten Randbedingungen Rechnung tragen.

Die von den Herausgebern geleiteten Institute, das

- Institut für Industrielle Fertigung und Fabrikbetrieb der
  Universität Stuttgart (IFF),

- Institut für Arbeitswissenschaft und Technologiemanagement (IAT)

- Fraunhofer-Institut für Produktionstechnik und Automatisierung
  (IPA),

- Fraunhofer-Institut für Arbeitswirtschaft und Organisation (IAO)

arbeiten in grundlegender und angewandter Forschung intensiv an
den oben aufgezeigten Entwicklungen mit. Die Ausstattung der
Labors und die Qualifikation der Mitarbeiter haben bereits in der
Vergangenheit zu Forschungsergebnissen geführt, die für die Praxis
von großem Wert waren. Zur Umsetzung gewonnener Erkenntnisse wird
die Schriftenreihe "IPA-IAO - Forschung und Praxis" herausgegeben.
Der vorliegende Band setzt diese Reihe fort. Eine Übersicht über
bisher erschienene Titel wird am Schluß dieses Buches gegeben.

Dem Verfasser sei für die geleistete Arbeit gedankt, dem Springer-
Verlag für die Aufnahme dieser Schriftenreihe in seine Angebots-
palette und der Druckerei für saubere und zügige Ausführung. Möge
das Buch von der Fachwelt gut aufgenommen werden.

                        H.J. Warnecke   H.-J. Bullinger

<u>Vorwort des Verfassers</u>

Die vorliegende Arbeit entstand während meiner Tätigkeit am Fraunhofer-Institut für Produktionstechnik und Automatisierung (IPA) in Stuttgart.

Herrn Prof. h.c. Dr. h.c. mult. Dr.-Ing. H.-J. Warnecke bin ich für die wohlwollende Förderung und großzügige Unterstützung der Arbeit zu besonderem Dank verpflichtet.

Mein Dank gilt ebenfalls Herrn Prof. Dr.-Ing. habil. Prof. h.c. Dr. h.c. H.-J. Bullinger für die eingehende Durchsicht der Arbeit und die sich daraus ergebenden wertvollen Anregungen sowie die Übernahme des Mitberichtes.

Ein herzlicher Dank geht auch an Herrn Prof. Dr.-Ing. Dr. h.c. E. Westkämper sowie Herrn Dr.-Ing. Dipl.-Wirtsch.-Ing. W. Sihn und Herrn Dr.-Ing. H.-J. Braun, die mich durch ihre stets offene Diskussionsbereitschaft und konstruktive Kritik unterstützten.

Allen Mitarbeitern des Institutes, die mir durch ihre Einsatz- und Hilfsbereitschaft die Erstellung der Arbeit erleichtert haben, danke ich vielmals. Dies gilt im Besonderen für Herrn Dipl.-Inform. M. Miklavec. Darüber hinaus bedanke ich mich bei Gerd, Jens, Siggi, Rüdiger und Matthias.

Ohne die Unterstützung von Kathrin und meinen Eltern, die mit großer Zuversicht einen Teil der Belastungen eines Promotionsverfahrens mittrugen, hätte ich es nicht geschafft. Danke.

Stuttgart, September 1996   Walter Wincheringer

Inhaltsverzeichnis:

Abbildungsverzeichnis

Abkürzungsverzeichnis

Zeichen	Bedeutung
α	Strategiefaktor zur Gewichtung der Merkmalsanfangsrelevanz MAR_m gegenüber der relativen Merkmalshäufigkeit RMH_m
β	Strategiefaktor zur Gewichtung der relativen Diagnosereportähnlichkeit Ω_r gegenüber der Ursachenwahrscheinlichkeit
γ	Strategiefaktor zur Festlegung der zu berücksichtigenden Diagnosereporte aus der Wissensbasis
ε	α-Strategieanpassungsfaktor
$\varnothing$	Leere Menge
ω_m	Abbildung zur Bestimmung der Ähnlichkeiten zweier Ausprägungen des Merkmals M_m
$\omega_{m,a1.a2}$	Ähnlichkeitswert zwischen zwei Merkmalsausprägungen $MA_{m,a1}$ und $MA_{m,a2}$ des Merkmals M_m
Ω_r	Relative Diagnosereportähnlichkeit
$A\Omega_r$	Absolute Diagnosereportähnlichkeit
a	Laufindex der Merkmalsausprägung $MA_{m,a}$
Abb.	Abbildung
A_m	Anzahl der Ausprägungen des Merkmals M_m
AMH_m	Absolute Merkmalshäufigkeit des Merkmals M_m in den erfolgreich durchgeführten Diagnoseprozessen
AS	Abbildung, die jeder Baugruppe bzw. jedem Bauelement eine übergeordnete Baugruppe zuweist
$AS(B_b)$	Übergeordnete Baugruppe der Baugruppe oder des Bauelements B_b
ASA	Anzahl der Symptome S_v der aktuellen Störungssituation ASS
ASS	Aktuelle Störungssituation
b	Laufindex der Baugruppen und Bauelemente
B	Anzahl der Baugruppen und Bauelemente
B	Menge der Baugruppen und Bauelemente
B_b	Einzelne Baugruppe oder Bauelement
bzgl.	bezüglich
bzw.	beziehungsweise
CAD	computer aided design
d.h.	das heißt
DIG	Anzahl der bisher erfolgreich durchgeführten Diagnoseprozesse

DIN	Deutsche Industrie Norm
DKIN	Deutsches Komitee Instandhaltung e.V.
DR	Menge aller Diagnosereporte
DR_r	Einzelner Diagnosereport
DR_u	Diagnosereport mit der Ursache U_u
DRS	Diagnosereportschwellenwert
DV	Datenverarbeitung
etc.	et cetera
EDV	Elektronische Datenverarbeitung
FTS	Funktionsteststation
Ident.-Nr.	Identifikationsnummer
IH	Instandhaltung
i.d.R.	in der Regel
IPS	Instandhaltungsplanungs- und -steuerungssystem
K	Konstante zur Bestimmung der Ähnlichkeit der Merkmalsausprägungen bei mehrwertig ordinalen Merkmalen
KI	Künstliche Intelligenz
m	Laufindex der Merkmale
M	Anzahl der Merkmale
M	Menge der Merkmale
MA_m	Menge der Ausprägungen des Merkmals M_m
$MA_{m,a}$	Einzelne Ausprägung des Merkmals M_m
MAR_m	Merkmalsanfangsrelevanz des Merkmals M_m
M_m	Einzelnes Merkmal
MR_m	Merkmalsrelevanz des Merkmals M_m
MR_{mw}	Merkmalsrelevanz des Merkmals M_m des Symptoms S_w
NC	Numeric Control
p.a.	pro anno
R	Anzahl der Diagnosereporte
r	Laufindex der Diagnosereporte
RDR_u	Relevanz des Diagnosereports mit der Ursache U_u
$RDR_{u,\,max}$	Maximale Relevanz der Diagnosereporte im aktuellen Diagnoseschritt
RMH_m	Relative Merkmalshäufigkeit des Merkmals M_m
s	Laufindex der Symptome
S	Anzahl der Symptome
S	Menge aller Symptome
S_s	Einzelnes Symptom

SAS	Menge der beobachteten Symptome der aktuellen Störungssituation
SMD	Surface Mounted Device
SM$_r$	Menge der beobachteten Symptome eines Diagnosereports
SPS	Speicherprogrammierbare Steuerung
STAS	Struktur (Reihenfolge) der aktuell beobachteten Symptome
ST$_r$	Struktur über die Symptome **SM$_r$** eines Diagnosereports
S$_v$	Symptom der aktuellen Störungssituation ASS
S$_w$	Symptom des betrachteten Diagnosereports DR$_r$
t$_{ASS}$	Zeitpunkt der aktuellen Störungssituation
t$_r$	Zeitpunkt der Beobachtung des Diagnosereports
t$_u$	Zeitpunkt des Auftretens des Diagnosereports DR$_r$ mit der Ursache U$_u$
t$'_u$	Zeitpunkt des nächsten Auftretens des Diagnosereports DR$_r$ mit der Ursache U$_u$
t$_u^{max}$	Zeitpunkt des letzten Auftretens der Ursache U$_u$
t$_u$, t$'_u$	Zeitpunkte des Auftretens des Diagnosereports DR$_r$ mit der Ursache U$_u$
U	Laufindex der Ursache
U	Menge aller Ursachen U$_u$
UM$_u$, UM(U$_u$)	Zeitlicher Ursachenmittelwert der Ursache U$_u$
US	Ursachenschwellenwert
U$_u$	Ursache des Diagnosereports DR$_r$
UW(U$_u$)	Auftretenswahrscheinlichkeit einer Ursache U$_u$
UV^2(U$_u$)	Ursachenvarianz
u.v.a.	und viele andere
u.v.a.m.	und viele andere mehr
VDI	Verein Deutscher Ingenieure
vgl.	vergleiche
vs.	versus
WB	Wissensbasis
WBS	Wissensbasierte Systeme
XPS	Expertensystem
Z	Abbildung, die ein Merkmal M$_m$ der Baugruppe oder dem Bauelement B$_b$ zuordnet, an der oder dem es beobachtet oder gemessen werden kann
z.B.	zum Beispiel
z.T.	zum Teil

1.   Einleitung

Der Erfolg eines Unternehmens auf in- und ausländischen Märkten hängt, abgesehen vom Produkt selbst, von wettbewerbsfähigen Preisen, einer bedarfsgerechten Lieferfähigkeit und der Produktqualität ab. Die Anforderungen an die Lieferfähigkeit und die Produktqualität sind in den letzten Jahren stetig gestiegen. Ursachen hierfür sind die extreme Globalisierung der Beschaffungs- und Absatzmärkte, die Veränderung vom Anbieter- zum Käufermarkt und die zunehmende Dynamik der Märkte [Reic93]. Die Auswirkungen stellen sich in Form von komplexeren Produkten mit einer höheren Komponentenanzahl, durch zunehmende Variantenvielfalt und durch einen steigenden Kostendruck dar [Brec94]. Darüber hinaus haben die Marktveränderungen zu einem Paradigmenwechsel[1] in der Unternehmensorganisation geführt, der die Abkehr vom Taylorismus hin zum Mitarbeiter als Mittelpunkt des betrieblichen Geschehens darstellt.

Der bestehende Kostendruck erfordert weiterhin eine stetige Reduzierung des Produktionspersonals und der Fertigungszeiten. Hierzu ist neben effizienten Produktionskonzepten eine steigende Automatisierung der Produktionseinrichtungen erforderlich. Die Folge sind hoch automatisierte Produktionsmaschinen und komplexe Montageprozesse, die eine bedarfsgerechte Verfügbarkeit der kapitalintensiven Produktionsanlagen zur wirtschaftlichen Nutzung voraussetzen. Dies bedingt steigende Anforderungen an die Anlagenverfügbarkeit. Störungsbedingte Stillstände der Produktionsanlagen stellen dabei die Lieferfähigkeit und die Wirtschaftlichkeit der Produktion in Frage [Harm92].

Für den Instandhaltungsbereich[2] bedeutet dies, daß er zukünftig mehr denn je für eine reibungslose Produktion zu sorgen hat. Hierzu sind neue Organisationskon-

---

[1] Der Paradigmenwechsel am Anfang der 90-iger Jahre wird u.a. durch die von Womack [Woma90] durchgeführte Untersuchung in der Automobilbranche belegt. Warnecke [Warn92] beschreibt den Paradigmenwechsel mit dem Konzept der Fraktalen Fabrik, wonach ein Fabrikbetrieb ein offenes System ist, das aus selbständig agierenden und in ihrer Zielausrichtung selbstähnlichen Einheiten - den Fraktalen - besteht und durch dynamische Organisationsstrukturen einen vitalen Organismus bildet [Warn95].

[2] Der Instandhaltungsbereich eines Unternehmens ist für die Maßnahmen zur Bewahrung und Wiederherstellung des Sollzustandes sowie zur Feststellung und Beurteilung des Istzustandes von technischen Produktionssystemen verantwortlich [DIN31051].

zepte und Werkzeuge erforderlich. Der Aufbau einer dezentralen Anlagen- und Prozeßverantwortung[3] hat sich als Organisationskonzept in verschiedenen Unternehmen bewährt [Sihn94]. Dabei steht die Einbindung von Instandhaltungspersonal in die Produktion, die Übernahme von Instandhaltungsaufgaben durch Produktionsmitarbeiter und die zustandsbedingte Instandhaltung im Mittelpunkt. Der Zustand einer Produktionsanlage läßt sich unter wirtschaftlichen Gesichtspunkten jedoch nicht vollständig bestimmen. Daher wird auch in Zukunft die Behebung von stochastisch auftretenden Störungen einen Großteil der Instandhaltungsaufgaben darstellen.

Das Kernproblem bei der Störungsbehebung ist die Bestimmung der Störungsursache. Insbesondere bei komplexen Produktionsanlagen beträgt die Diagnosezeit zur Bestimmung der Störungsursache einen Großteil der Störungsdauer [Iser94]. Die örtliche und zeitliche Trennung zwischen den auftretenden Symptomen und deren Ursachen bedingen ein erhebliches technisches- und maschinenspezifisches Wissen bei der technischen Diagnose[4]. Der Produktionsmitarbeiter ist aufgrund fehlender Instandsetzungserfahrung nicht in der Lage, die Störungsursache zu diagnostizieren. Selbst der Instandhaltungsmitarbeiter kann das umfangreiche Diagnosewissen nicht vollständig beherrschen und ist oftmals überfordert. Lange Stillstandszeiten der Produktionsanlagen sind die Folge.

Durch Einsatz eines EDV-gestützten wissensbasierten Diagnoseverfahrens kann das diagnosespezifische Wissen gleichzeitig an unterschiedlichen Produktionsanlagen dezentral zur Verfügung gestellt werden. Somit können Diagnose- und Stillstandszeiten reduziert und die Verfügbarkeit der Produktionsanlagen erhöht werden. In der vorliegenden Arbeit wird hierzu ein Beitrag geleistet, indem ein Verfahren zur reportbasierten Diagnose von Maschinenstörungen entwickelt wird.

Beachtet man, daß die Bundesrepublik Deutschland für die Funktion Instandhalten pro Jahr etwa zehn Prozent des Bruttosozialproduktes ausgibt und davon über ein Drittel im produzierenden Gewerbe [DKIN80], so ergibt sich aus der Anwendung eines reportbasierten Diagnoseverfahrens ein hohes Rationalisierungspotential für jedes produzierende Unternehmen und für die Volkswirtschaft insgesamt.

---

[3] Bei einer dezentralen Anlagen- und Prozeßverantwortung werden die Vorteile von dezentralen Produktionsteams, z.B. effektive Kommunikation und Koordination, mit den Vorteilen einer instandhaltungsspezifischen Funktionszentralisation in einem Instandhaltungs-Dienstleistungszentrum kombiniert [Sihn94].

[4] Als technische Diagnose wird die Bestimmung der Ursache einer Funktionsstörung eines technischen Systems bezeichnet [ISO4092].

2.   Abgrenzung des Untersuchungsbereiches

Der Instandhaltungsbereich hat die Aufgabe, die vom Produktionsbereich geforderte technische Verfügbarkeit[5] und damit die Funktionsfähigkeit[6] der Produktionsanlagen unter wirtschaftlichen Gesichtspunkten zu gewährleisten. Um dieser Aufgabe gerecht zu werden und zur effizienten Durchführung der administrativen Tätigkeiten im Instandhaltungsbereich werden verstärkt EDV-Systeme, sogenannte Instandhaltungsplanungs- und -steuerungssysteme (IPS-Systeme), eingesetzt [Hack92] [Sihn92]. Trotz der verbesserten Planung und Steuerung durch IPS-Systeme sind stochastisch auftretende Störungen unvermeidbar. Die damit verbundenen Stillstandszeiten der Produktionsanlagen wirken sich negativ auf die Wirtschaftlichkeit der Produktion aus. Insbesondere bei Engpaßanlagen ist eine schnellstmögliche Störungsbehebung erforderlich [Budd91] [Milb87]. Hierzu ist eine sichere und schnelle Diagnose einer Störungsursache notwendig, die ein erhebliches Fach- und Erfahrungswissen[7] des diagnostizierenden Mitarbeiters voraussetzt [Fath92]. Da das erforderliche Wissen bei komplexen Produktionsanlagen mit mechanischen, hydraulischen, elektrischen und elektronischen Komponenten nicht von einem einzelnen Instandhaltungsexperten bereitgestellt werden kann und dieser nicht permanent zur Verfügung steht, ist eine Unterstützung durch ein wissensbasiertes Diagnosesystem notwendig [Lutz88].

Zur Darstellung der problemrelevanten Aspekte ist eine detaillierte Abgrenzung innerhalb der Funktion Instandhaltung auf die schadens-, störungsbedingte Instandsetzung und auf den Diagnoseprozeß erforderlich. Da zur Diagnose von technischen Störungsursachen Anlageninformationen (z.B. Anlagenstruktur-, -historiendaten) erforderlich sind, die in IPS-Systemen vorliegen, ist eine Betrachtung und Abgrenzung der für die Diagnose relevanten IPS-Systemmodule notwendig.

---

[5] Die technische Verfügbarkeit beschreibt die Wahrscheinlichkeit, daß an einem technischen System zur Betrachtungszeit keine als maßgeblich geltende Störung vorliegt, die unter den vorauszusetzenden Bedingungen die Erfüllung einer Funktion verhindert [VDI 4004].

[6] Unter Funktionsfähigkeit wird die Fähigkeit einer Betrachtungseinheit zur Funktionserfüllung aufgrund ihres eigenen technischen Zustands verstanden [DIN 31051].

[7] Unter Fachwissen wird das fachbezogene Wissen über verschiedene Bauelemente (z.B. Hydraulik, Elektrik) und unter Erfahrungswissen das Wissen über das anlagenspezifische Störungsverhalten verstanden [Fath92].

Darüber hinaus ist das Lösen diagnostischer Probleme ein Aufgabengebiet der technischen Diagnostik, bei der verschiedene Werkzeuge und Methoden zum Einsatz kommen [Held88]. Das Lösen von Diagnoseproblemen mit Hilfe wissensbasierter Verfahren gehört zu den Forschungs- und Anwendungsbereichen der Künstlichen Intelligenz (KI)[8] [Kurb89]. Es handelt sich daher bei der Diagnose von technischen Störungen mit Hilfe wissensbasierter Diagnoseverfahren um eine interdisziplinäre Aufgabe, die eine gesonderte Betrachtung und Abgrenzung innerhalb der technischen Diagnostik und der wissensbasierten Diagnoseverfahren erfordert.

2.1   Instandhaltung

Der Instandhaltungsbereich steht durch die zunehmende Anlagenkomplexität und -verkettung sowie durch die hohe Innovationsgeschwindigkeit vor immer neuen Herausforderungen. Die zunehmende Ressourcenknappheit und das überproportionale Ansteigen der Instandhaltungskosten gegenüber den Produktionskosten führen zu einer wachsenden Bedeutung des Instandhaltungsbereiches für ein produzierendes Unternehmen [Sihn92]. Da der Instandhaltungsaufwand mit steigendem Automatisierungsgrad zunimmt [Warn93] [Reit87], kann die wachsende Bedeutung des Instandhaltungsbereiches insbesondere in Unternehmen mit hoch automatisierten, verketteten und somit kapitalintensiven Produktionsanlagen beobachtet werden. So beträgt die Instandhaltungskostenrate[9] für konventionelle Produktionsanlagen etwa zwei bis acht Prozent des indizierten Anschaffungswertes[10] pro Jahr [VDI 2893].

Die Funktion Instandhalten untergliedert sich nach [DIN 31051] in Wartungs-, Inspektions- und Instandsetzungsmaßnahmen (vgl. Abb. 2.1-1). Wartungs- und Inspektionsarbeiten gehören zu den planbaren, präventiven Instandhaltungsmaßnahmen. Die Terminierung und die Häufigkeit der präventiven Maßnahmen sowie der Arbeitsumfang hängt von den möglichen Gefahren eines Anlagenausfalls für

---

[8]   Die Künstliche Intelligenz ist ein Teilgebiet der Informatik mit interdisziplinärem Charakter. Hierbei wird zwischen der Methodik der KI (Wissensakquisition, -repräsentation und Inferenzmethoden, etc.) und den Anwendungen der KI (Robotik, Programmiersprachen, Expertensysteme zur Diagnose, Konfiguration, etc.) unterschieden [Kurb89].

[9] $\text{Instandhaltungskostenrate} = \dfrac{\text{Instandhaltungskosten p.a.} * 100}{\text{Indizierter Anschaffungswert}}\ [\%]\ \ [\text{VDI 2893}]$

[10]   Der indizierte Anschaffungswert berücksichtigt die zwischen dem Anschaffungsjahr und dem betrachtetem Jahr liegenden jährlichen Kostensteigerungen in Form eines Kostenfaktors. Dieser wird für Sachanlagenvermögen u.a. vom statistischen Bundesamt bekannt gegeben [Sihn92].

Mensch und Umwelt, der geforderten technischen Verfügbarkeit des Instandhaltungsobjektes und möglichen Störungsauswirkungen auf den Produktionsprozeß ab [Hack92].

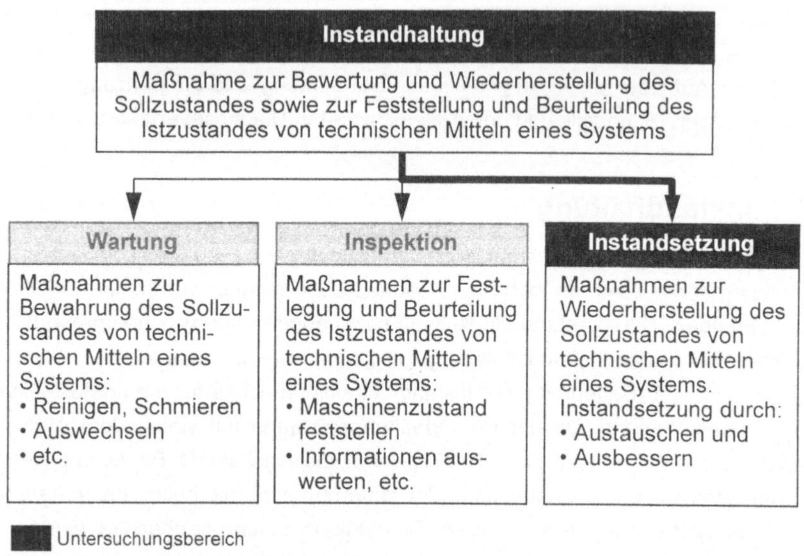

Abb. 2.1-1: Gliederung der Instandhaltungsmaßnahmen nach [DIN 31051]

Bei stochastisch auftretenden, technischen Anlagenstörungen entstehen neben den direkten Instandsetzungskosten weitere Kosten aufgrund des Produktionsausfalles. Diese als Ausfallfolgekosten[11] bezeichneten Kosten übersteigen oftmals die Instandsetzungskosten [Männ92]. Das Kostenoptimum ist dann erreicht, wenn die Summe der Instandhaltungs- und Ausfallfolgekosten ein Minimum darstellt (vgl. Abb. 2.1-2). Die verschiedenen Kostenanteile verschieben sich mit der Art und dem Umfang der Instandhaltungsmaßnahmen. So können z.B. durch einen hohen Anteil an geplanten Wartungs- und Inspektionsmaßnahmen die Störungsanzahl und damit die Ausfallfolgekosten reduziert werden, die Kosten für präventive Instandhaltungsmaßnahmen steigen jedoch gleichzeitig an. Bis heute ist es nicht möglich, die erforderlichen prä-

---

[11] Zu den Ausfallfolgekosten gehören insbesondere Personalkosten der Fertigung aufgrund von Überstunden, Fehlerkosten durch mangelnde Produktqualität sowie evtl. Fremdleistungskosten bei Fremdbeauftragung [Männ92].

ventiven Instandhaltungsmaßnahmen bei einer geforderten technischen Verfügbarkeit exakt vorherzubestimmen [Lang92].

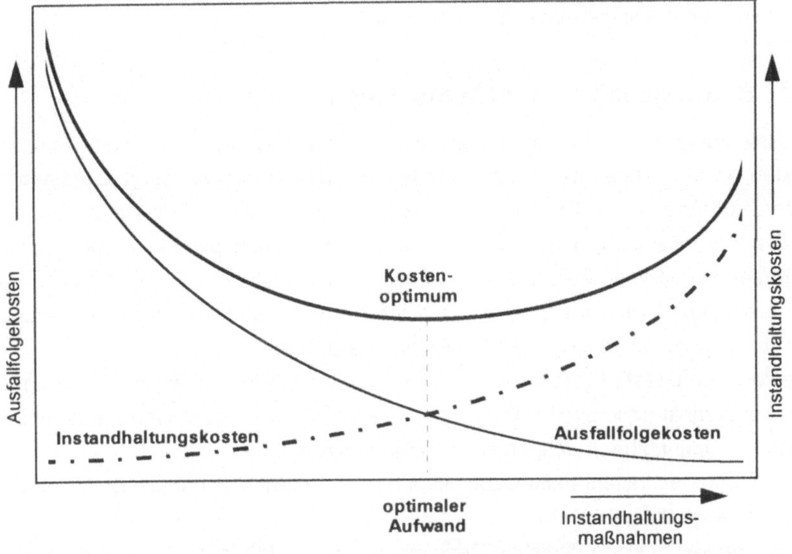

Abb. 2.1-2: Instandhaltungskosten vs. Ausfallfolgekosten nach [Bied85]

Da das Auftreten von stochastischen Maschinenstörungen trotz aufwendiger, präventiver Instandhaltungsmaßnahmen nicht vermieden werden kann, liegt der Anteil der störungsbedingten Instandsetzungsmaßnahmen heutiger Produktionsunternehmen bei etwa achtzig Prozent [Himm92]. Der Reduzierung von stochastisch auftretenden Störungen durch Erhöhung präventiver Instandhaltungsmaßnahmen stehen neben wirtschaftlichen Gründen folgende drei Gründe entgegen [Mohr88]:

1. Eine Erhöhung des Wartungsumfangs in Verbindung mit einem präventiven Teileaustausch schützt nicht vor stochastisch auftretenden Maschinenstörungen.

2. Es fehlt am notwendigen Wissen über Abnutzungs- und Verschleißvorgänge sowie deren Einflußfaktoren.

3. Die zur frühzeitigen Erkennung von technischen Störungen erforderlichen Symptome[12] können häufig nicht unter wirtschaftlich vertretbarem Aufwand erfaßt werden, da die dazu ausreichend genaue und zuverlässige Sensorik fehlt.

---

[12] Als Symptom ist ein qualitatives oder quantitatives Merkmal zur Erkennung von Abweichungen des technischen Systems vom Sollzustand zu verstehen [Frey93].

Da die störungsbedingte Instandsetzung und die damit verursachten Stillstandszeiten der Produktionsmaschinen eine große Bedeutung für die Wirtschaftlichkeit der Fertigung und des Instandhaltungsbereiches besitzt, wird der Untersuchungsbereich auf die störungsbedingte Instandsetzung begrenzt.

2.1.1 Störungsbedingte Instandsetzung

Instandsetzungen zur Wiederherstellung des Sollzustandes von Instandhaltungsobjekten können intervall-, zustandsabhängig oder störungsbedingt durchgeführt werden, vgl. Abb. 2.1-3. Der Stillstand des technischen Systems ist dabei eine notwendige Voraussetzung [DKIN2]. Ob eine Instandsetzung planbar - Terminierung und Reservierung von Personal, Material und Betriebsmitteln - oder nicht planbar (ad hoc) durchgeführt wird, hängt im wesentlichen von der Dringlichkeit der Instandsetzung ab. Sie wird durch die folgenden Punkte beeinflußt:

- Bestehende Gefahr für Mensch und Umwelt aufgrund der technischen Störung,
- Risikopotential bzgl. der Entstehung von technischen Folgeschäden aufgrund einer nicht unmittelbar durchgeführten Instandsetzung,
- Bedeutung des Instandhaltungsobjektes für den Produktionsbereich (z.B. Engpaßanlage, Ausfallfolgekosten),
- Verfügbarkeit der erforderlichen Ressourcen zur Durchführung der Instandsetzung (z.B. Personal mit dem erforderlichen Erfahrungswissen, Betriebsmittel, Material).

Die in der Praxis am häufigsten auftretende Veranlassungsart einer Instandsetzung ist die aufgrund eines am Instandhaltungsobjekt aufgetretenen Schadens[13] [Schu88]. Sie wird als schadens- oder störungsbedingte Instandsetzung bezeichnet und ist nicht planbar. Der erste Arbeitsschritt innerhalb der störungsbedingten Instandsetzung ist der Diagnoseprozeß, vgl. Abb. 2.1-3. Um eine minimale Stillstandszeit der Produktionsanlagen zu erreichen, muß eine störungsbedingte Instandsetzung möglichst schnell durchgeführt werden. Dies kann durch eine geeignete Organisation und durch den Einsatz effektiver Werkzeuge erreicht werden. Moderne Organisationskonzepte gehen von einer dezentralen Anlagen- und Prozeßverantwortung aus. Ein Produktionsteam, bestehend aus Produktions- und Instandhaltungsmitarbeitern, besitzt neben der produktbezogenen Mengen-, Termin- und Quali-

---

[13] Unter Schaden ist eine Unterschreitung eines bestimmten Grenzwertes des Abnutzungsvorrats zu verstehen, der eine im Hinblick auf die Verwendung unzulässige Beeinträchtigung der Funktionsfähigkeit bedingt. Der Grenzwert des Abnutzungsvorrates ist dabei kleiner oder gleich dem Sollwert der Fehlerdefinition [DIN 31051].

tätsverantwortung auch die Anlagenverantwortung. Hierbei ist es erforderlich, daß die Mitarbeiter des Produktionsteams die Mehrzahl der auftretenden technischen Störungen vor Ort selbständig erkennen und beheben können [Sihn94]. Da die Teammitarbeiter keine Instandhaltungsexperten sind und nicht über das diagnosespezifisches Fach- und Erfahrungswissen verfügen, ist eine schnelle Diagnose der Störungsursache ohne eine geeignete Unterstützung nicht möglich. Eine Analyse von störungsbedingten Instandsetzungsmaßnahmen an komplexen Produktionsanlagen - durchgeführt von erfahrenen Instandhaltungsmitarbeitern - ergab, daß etwa dreißig Prozent der Instandsetzungzeit für die Bestimmung der Störungsursache erforderlich ist [Luft92].

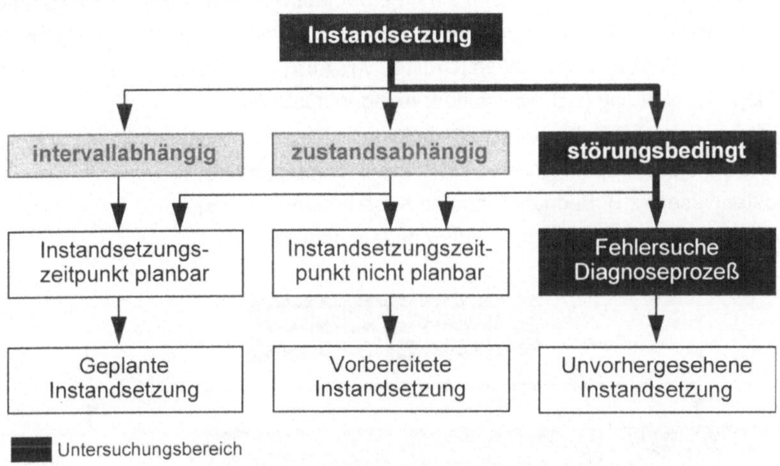

Abb. 2.1-3: Instandsetzungsmaßnahmen nach [DKIN2]

Durch den Einsatz eines EDV-gestützten wissensbasierten Diagnoseverfahrens kann das erforderliche Diagnosewissen dezentral bereitgestellt werden [Knop91] [Bart90]. Somit kann die Anzahl der vom Produktionsteam vor Ort diagnostizierten und behobenen Störungen erhöht, die Diagnosezeit reduziert und die technische Verfügbarkeit der Produktionsanlagen erhöht werden [Iser94]. Darüber hinaus entfallen die Wartezeiten auf die Diagnoseexperten der Instandhaltungszentrale bzw. den Servicetechniker des Maschinenherstellers. Dies gilt nicht nur bei dezentralen Produktionsstrukturen, bei denen die Produktionsteams die Anlagen- und Prozeßverantwortung besitzen. Auch bei zentral organisierten Instandhaltungsbereichen kann durch den Einsatz EDV-gestützter wissensbasierter Diagnoseverfahren eine Reduzierung der Diagnosezeiten erreicht und die Sicherung des unternehmensspezifischen Diagnosewissens gewährleistet werden [Maßb91] [Ledw92] [Glei91] u.v.a.m..

2.1.2 Instandhaltungsplanungs- und -steuerungssysteme

Um den Instandhaltungsbereich unter wirtschaftlichen Gesichtspunkten effektiv und effizient zu organisieren, wurden in den letzten Jahren verstärkt EDV-Systeme im Instandhaltungsbereich eingesetzt. Die [DIN 31053] fordert, daß Instandhaltungsplanungs- und -steuerungssysteme (IPS-Systeme) Aussagen über das Verhalten und den Instandhaltungsaufwand einer Betrachtungseinheit unter Berücksichtigung der Betriebsbedingungen liefern. Hierzu gehören auch Informationen, die zur Diagnose von Störungsursachen beitragen.

Die Ansatzpunkte der IPS-Systeme sind die betriebswirtschaftlichen, administrativen und planerischen Instandhaltungsfunktionen zur Unterstützung des gesamten Auftragswesens mit allen Teilaspekten [DKIN4], vgl. Abb. 2.1-4. Diese sind [Thom92]:

- Anlagenverwaltung (z.B. Maschinen, Anlagen, Gebäude),
- Auftragswesen (z.B. Wartungs-, Inspektions-, Instandsetzungsaufträge),
- Materialwirtschaft (z.B. Ersatz-, Tauschteile, Betriebsstoffe),
- Kostenwesen (z.B. Budgetierung und Kostenüberwachung),
- Auswertungen (z.B. Auftrags- und Schadensanalysen).

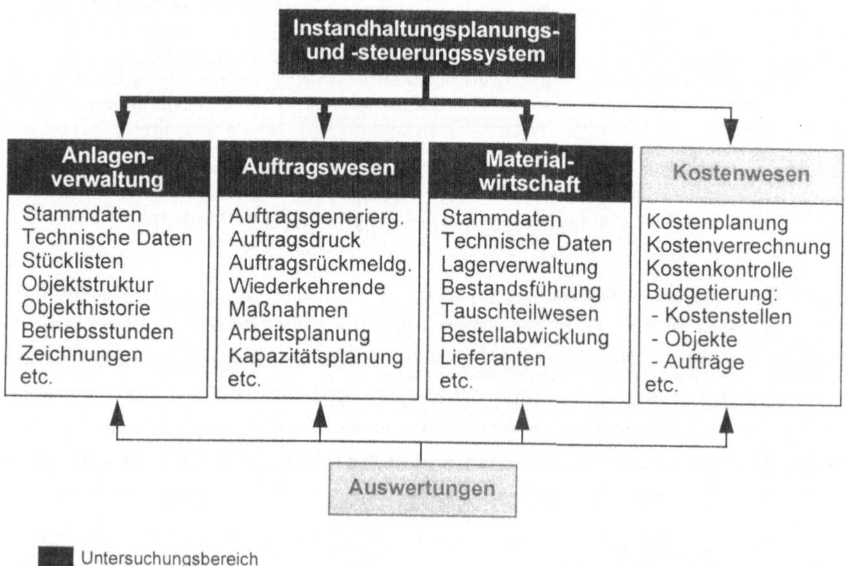

Abb. 2.1-4: Module und Grundfunktionen eines IPS-Systems (Beispiel)

Neben den administrativen Funktionen kann ein IPS-System auch technische Funktionen, wie zum Beispiel die Erfassung, Verwaltung und Auswertung von Maschinendaten beinhalten. Die einzelnen Funktionsmodule eines IPS-Systems enthalten z.T. wichtige Daten für die störungsbedingte Diagnose. Ein effektiver Zugriff auf diese Daten sowie eine Verarbeitung von Diagnosewissen ist mit heutigen IPS-Systemen jedoch nicht möglich [Lang95].

Wichtige Informationen für die Diagnose sind in dem IPS-Modul **Anlagenverwaltung** gespeichert. Die Anlagenverwaltung, als ein Hauptmodul eines IPS-Systems, verwaltet alle instandhaltungsrelevanten Objekte, vgl. Abb. 2.1-5. Ein Objekt in diesem Sinne ist eine unter Instandhaltungsgesichtspunkten abgrenzbare, technische Betrachtungseinheit. Dabei kann selbst eine verkettete Fertigungslinie mit vielen abgrenzbaren Komponenten als ein Objekt definiert werden. Zielsetzung ist die Verwaltung von Instandhaltungsobjekten mit allen erforderlichen Daten. Darüber hinaus besteht die Möglichkeit, eine hierarchische Anlagenstruktur aufzubauen.

Der wesentliche Vorteil einer Anlagenstruktur ist die exakte Zuordnung von Auftragsdaten, Kosten, Zeiten, Ersatzteilen und technischen Daten zu den beliebigen Instandhaltungsobjekten. Dabei entsteht eine objektspezifische Anlagenhistorie aus den durchgeführten und dokumentierten Instandhaltungsmaßnahmen. Diese Daten könnten bei einer geeigneten Zugriffsmöglichkeit zur Diagnose von Störungsursachen herangezogen werden. Darüber hinaus kann durch eine Klassifizierung für gleichartige Objekte (z.B. Pumpen, Elektromotoren) ein Vergleich des Verhaltens bei unterschiedlichen Einsatzbedingungen durchgeführt werden [Naß93].

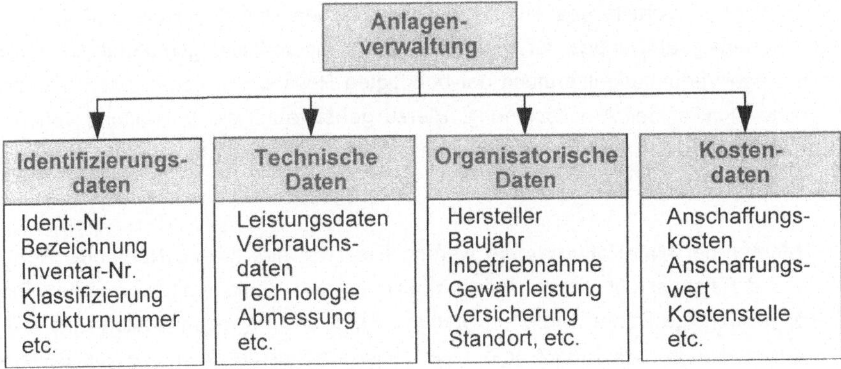

Abb. 2.1-5: Daten der Anlagenverwaltung

Das **Auftragswesen** ist eine notwendige Voraussetzung für eine EDV-unterstützte Planung und Steuerung der Instandhaltung, vgl. Abb. 2.1-6. Umfang und Detaillierung der gespeicherten Auftragsplanungsdaten und der Rückmeldeinformationen über bereits durchgeführte Instandhaltungsmaßnahmen (z.B. Störungsursache, Schadenscode) erleichtern die Planung ähnlicher oder wiederkehrender Instandhaltungsmaßnahmen und bestimmen die späteren Auswertungsmöglichkeiten in technischer und organisatorischer Hinsicht [Männ91]. Darüber hinaus geben die Rückmeldeinformationen Aufschluß über bisher durchgeführte Instandsetzungsaufträge und können daher bei der technischen Diagnose von Nutzen sein.

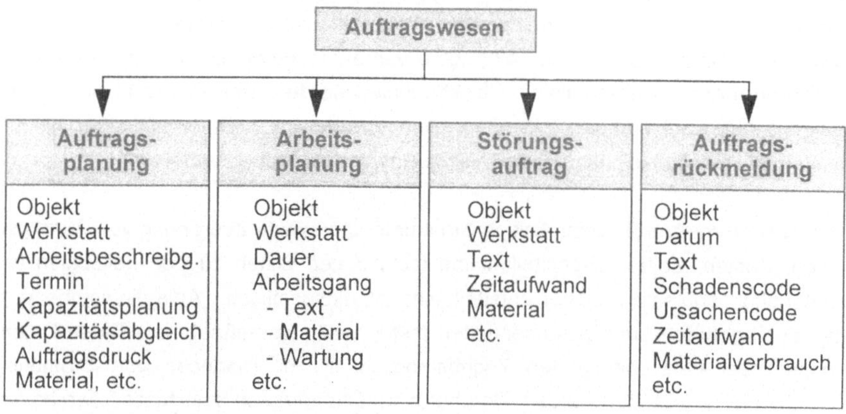

Abb. 2.1-6: Daten des Auftragswesens

Die wichtigsten Vorteile des Auftragswesens ergeben sich durch die Reduzierung des Steuerungsaufwandes für wiederkehrende Instandhaltungsmaßnahmen, die rechtzeitige Verfügbarkeitsprüfung der benötigten Ressourcen sowie durch die verbesserte Qualität der Arbeitsplanung. Hierzu gehört auch die Verwaltung von Arbeitsplänen und die Durchführung der Auftragsplanung, basierend auf der bestehenden Anlagenhistorie [Naß88].

Im Rahmen der **Materialwirtschaft** werden Ersatz-, Tausch- und Normteile, Roh-, Hilfs- und Betriebsstoffe sowie Spezialwerkzeuge und Betriebsmittel verwaltet. Die hierzu notwendige Daten werden in Stamm-, Plan- und Bewegungsdaten unterteilt. Die Informationen über Ersatz- und Tauschteile sind für die Diagnose von Bedeutung, da sie die kleinsten, für sich austauschbaren Einheiten des Instandhaltungsobjektes sind und daher die tiefste Diagnoseebene darstellen. Neben Verbrauchsinformationen sind Standardisierungen von Materialien, eine Bestellterminverfolgung, Teileverwendungsnachweise, Materialreservierungen und Analysen über Einsatzdauer von Tausch- und Ersatzteilen typische Vorteile einer Materialwirtschaft im Instandhaltungsbereich [Hack92].

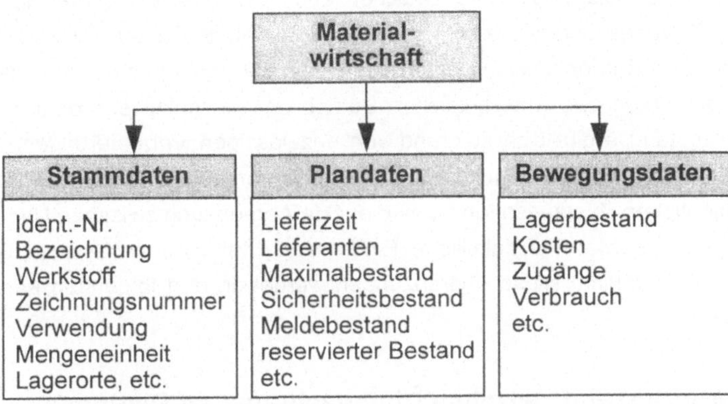

Abb. 2.1-7: Materialbezogene Stamm-, Plan- und Bewegungsdaten

Da das **Kostenwesen** und die **Auswertungen** keine Datenquelle für eine technische Diagnostik darstellen und die objekt- bzw. auftragsbezogenen Informationen in der Anlagenhistorie gespeichert sind, ist eine Betrachtung dieser Programmodule für die Diagnose nicht erforderlich.

Neben der Anlagenstruktur und den objektbezogenen Materialstammdaten sind es insbesondere die dokumentierten anlagenspezifischen Aufträge (Anlagenhistorie), die aufschlußreiche Informationen zur Unterstützung der Diagnose im Störungsfall enthalten. Heutige IPS-Systeme sind jedoch nicht in der Lage, diese verteilten Informationen für den Diagnoseprozeß bedarfsgerecht zu verarbeiten und zu repräsentieren [Lang93]. Die für einen Diagnoseprozeß wichtigen anlagenspezifischen Funktionen [Seba94] sowie die multiplen kausalen Symptom-Ursachen-Relationen [Wied92] können nicht in geeigneter Weise dokumentiert und verarbeitet werden. Grund hierfür ist zum einen die Ausrichtung der IPS-Systeme zur Unterstützung der administrativen Funktionen im Instandhaltungsbereich, zum anderen, daß die Datenstrukturen von IPS-Systemen zur Verarbeitung von großen Datenbeständen und nicht zur Verarbeitung von Wissen geeignet sind [Lang93].

2.2 Technische Diagnostik

Aufgabe der technischen Diagnostik[14] ist die Zustandsbewertung von Maschinen und Anlagen. Je nach der zu bewertenden Zustandsart, kommen unterschiedliche Methoden, Verfahren und Werkzeuge der technischen Diagnostik zum Einsatz. In der technischen Diagnostik wird zwischen dem Betriebszustand und dem Schädigungs-, Störungszustand einer technischen Anlage unterschieden [West94] [Voss88]. Der Betriebszustand ist durch Parameter gekennzeichnet, die für den qualitätsgerechten und wirtschaftlichen Betrieb der Maschine erforderlich sind. Der Störungszustand ergibt sich aufgrund von unzulässigen Veränderungen, die durch Verschleiß, Korrosion, Ermüdung und sonstige Einwirkungen auftreten. Aufgrund der unterschiedlichen Zustandsarten ist eine exakte Abgrenzung zwischen Überwachung und Diagnose sowie eine detaillierte Eingrenzung der wissensbasierten Diagnoseverfahren erforderlich. Diese Abgrenzungen werden in den folgenden Kapiteln vorgenommen.

2.2.1 Abgrenzung zwischen Überwachung und Diagnose

Der Zustand einer Maschine wird in der technischen Diagnostik mit Hilfe von Zustandsparametern beschrieben. Diese Zustandsparameter können z.B. Drehzahl, Drehmoment, Druck, Temperatur, Zeit oder Stromaufnahme sein. Die Beurteilung der Parameter erfolgt durch Vergleich der gemessenen Parameterwerte mit vorher festgelegten parameterbezogenen Grenzwerten (Toleranzen). Dieser Vorgang, einen gemessenen Istzustand einer Maschine mit einem vorgegebenen Sollzustand zu vergleichen, wird als Überwachung bezeichnet [Bran82] [Schn85].

Obwohl die Begriffe Überwachung und Diagnose in der Praxis häufig als Synonyme verwendet werden, erfüllen sie unterschiedliche Aufgabenstellungen. Die Überwachung bezieht sich auf den Betriebszustand und kann erfolgen als:
- kontinuierliche Überwachung (online),
- periodische Überwachung (on- oder offline), oder als
- Überwachung auf Anforderung (offline) [Stöf75].

---

[14] In der Diagnostik wird zwischen der technischen und der medizinischen Diagnostik unterschieden. Unter dem Begriff der technischen Diagnostik werden alle Maßnahmen verstanden, die der Ermittlung und Bewertung des Störungszustandes von Maschinen und Anlagen dienen [Wohl78] [Stur90].

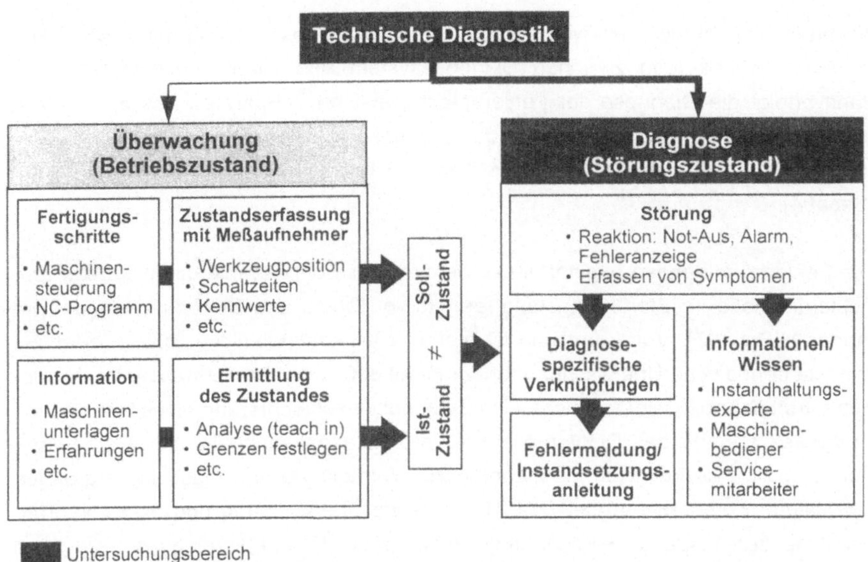

Abb. 2.2-1: Abgrenzung zwischen Überwachung und Diagnose nach [Jaco92]

Treten bei einer Überwachung unzulässige Abweichungen von den vorgegebenen Sollwerten auf, so liegt ein Fehler[15] vor, auf den entsprechend einer vorgegebenen Strategie zu reagieren ist. Ein Fehler kann zu einem Schaden führen, der dann über eine technische Störung[16] zu einem Ausfall[17] der Produktionsanlage führt. Die Ermittlung der Störungsursache und damit die Bewertung eines technischen Systems im Störungszustand wird als Diagnose bezeichnet.

Wird während der kontinuierlichen Überwachung - im Betriebszustand - ein unzulässiger Parameterwert festgestellt, so kann die Diagnose in Echtzeit erfolgen. Voraussetzung ist eine online Verbindung zwischen dem Diagnosesystem und der Über-

---

[15] Unter dem Begriff Fehler ist eine Nichterfüllung einer vorgegebenen Forderung durch einen Merkmalswert (Abnutzungsvorrat) zu verstehen. Dabei ist die Verwendbarkeit einer Betrachtungseinheit durch den Fehler nicht notwendigerweise beeinträchtigt [DIN 55350].

[16] Eine Störung ist eine unbeabsichtigte Unterbrechung oder Beeinträchtigung einer Funktionsfähigkeit eines technischen Systems [DIN 31051].

[17] Der Begriff Ausfall konkretisiert eine Störung auf eine unbeabsichtigte Unterbrechung der Funktionsfähigkeit einer Betrachtungseinheit [DIN 31051].

wachungseinrichtung. Dies wird als Echtzeitfehlerdiagnose bezeichnet. Besteht keine online Verbindung zwischen Diagnosesystem und Überwachungseinrichtung, dann erfolgt die Diagnose der Fehlerursache erst nach Eintreten des Störungszustandes, vgl. Abb. 2.2-2. Diese Art der Diagnose wird als Fehlerdiagnose im Störungszustand oder als Störungsfehlerdiagnose bezeichnet (post mortem) [Frey93] [Seba94].

Die Fehlerfrühdiagnose beginnt, im Gegensatz zur Echtzeitfehlerdiagnose bzw. zur Fehlerdiagnose im Störungszustand, bereits vor Eintritt des Störungszustands (pre mortem) [Schn85]. Voraussetzung ist hierbei eine kontinuierliche (online) oder zumindest periodische Überwachung (on- / offline) definierter Prozeßparameter. Mit der Fehlerfrühdiagnose wird versucht, eine Zustandsverschlechterung eines technischen Prozesses anhand des Driftverhaltens[18] von zustandsbeschreibenden Parametern frühzeitig zu erkennen, um Maßnahmen zur Vermeidung von Maschinenstörungen einzuleiten. Entsprechend der DIN 31051 ist die Überwachung und die Fehlerfrühdiagnose den Inspektionsmaßnahmen zuzuordnen. Die Fehlerdiagnose, die nach dem Auftreten eines Fehlers im Störungszustand der Maschine erfolgt, ist hingegen eine Teilmaßnahme der störungsbedingten Instandsetzung und daher Gegenstand der Betrachtung.

Unter dem Begriff der Fehlerdiagnose nach Eintreten des Störungszustandes sind alle Maßnahmen zu verstehen, die der weitgehend demontagelosen und damit wirtschaftlichen Ermittlung des Fehlers und damit der Ursache einer technischen Störung dienen [Stur90]. Daher sind im wesentlichen äußerlich nachweisbare Merkmale zu benutzen, die in ihrer Qualität oder Quantität vom Maschinenzustand beeinflußt werden. Die Fehlerdiagnose erfolgt dabei anhand der Funktionsfähigkeit der verschiedenen Maschinenkomponenten. Hierzu ist es erforderlich, die Abhängigkeit der Merkmale von dem Grad der Funktionserfüllung der Maschinenkomponenten zu kennen. Da das Ergebnis einer Fehlerdiagnose eine Gut-Schlecht-Bewertung der Funktionserfüllung von Maschinenkomponenten ist, müssen die Grenzzustände der Merkmale bekannt sein [Pau81].

---

[18] Für die Fehlerfrühdiagnose eignen sich nur „langsam" veränderliche Maschinenparameter und Prozeßkenngrößen, da für das Überwachungssystem bzw. das Bedienungspersonal genügend Reaktionszeit zur Verfügung stehen muß. In Betracht kommen daher meßbare, über einen ausreichend langen Zeitraum gesetzmäßig ablaufende Abnutzungsvorgänge, die zu einer allmählichen Veränderung der Kenngrößen führen (z.B. mechanische Verschleißvorgänge) [Schn85].

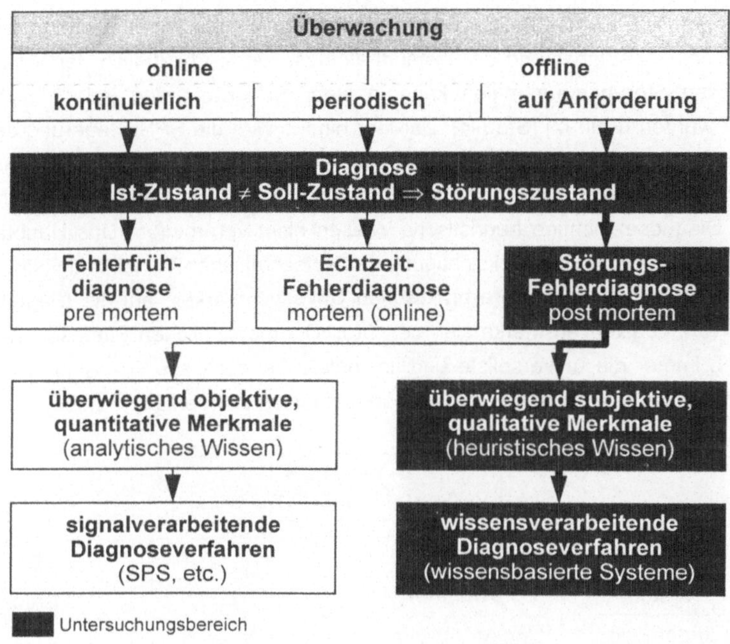

Abb. 2.2-2: Überwachungs- und Diagnoseverfahren

Zur Störungsfehlerdiagnose (post mortem) können subjektive, qualitative oder objektive, quantitative Merkmale herangezogen werden. Die subjektiven, qualitativen Merkmale an einer Produktionsmaschine können aufgrund sinnlicher Wahrnehmung des Diagnostizierenden einfach erfaßt werden, vgl. Abb. 2.2-3. Entsprechend der verwendeten Merkmale wird das zur Diagnose herangezogene Wissen als heuristisches oder analytisches Diagnosewissen bezeichnet [Fery93].

Heutige Produktionsmaschinen sind meist mit SPS-Steuerungen[19] und der erforderlichen Sensorik ausgerüstet, die eine Vielzahl von objektiven, quantitativen Merkmalen verarbeiten können. Somit steht mit der SPS-Steuerung ein System zur Verfügung, das in der Lage ist, einen Großteil des analytischen Diagnosewissens zu ver-

---

[19] Unter SPS (speicherprogrammierbare Steuerung) wird ein elektrisches Betriebsmittel verstanden, das überwiegend für Steuerungsaufgaben eingesetzt wird und das mittels einer anwenderorientierten Programmiersprache gemäß seiner jeweiligen Steuerungsaufgabe programmiert werden kann [VDI 2880].

arbeiten [Möll86] [Reus92]. Das Erfahrungswissen - heuristisches Diagnosewissen - der Maschinenbediener und der Instandhaltungsexperten bezüglich der Vielzahl an qualitativen Störungsmerkmalen kann in einer SPS-Steuerung jedoch nicht verarbeitet werden [Fath92] [Steg94]. Darüber hinaus wird die SPS-Steuerung der Veränderung der Störungsmerkmale über die Lebensdauer der Produktionsanlagen (Badewannenkurve[20]) und deren Maschinenelemente nicht gerecht. Sie kann das für die Diagnose wichtige heuristische Wissen nicht verarbeiten. Das Hauptaugenmerk wird daher, unter Berücksichtigung der wirtschaftlichen Vorteilhaftigkeit und der technischen und insbesondere praktischen Unverzichtbarkeit, auf die Diagnose mit subjektiven, qualitativen Merkmalen gerichtet. Die menschlichen Sinnesorgane stellen noch immer die universellste und flexibelste Sensorik zur Erfassung von Symptomen dar, ohne die eine Fehlerdiagnose unmöglich ist [Mehl87] [Seib95].

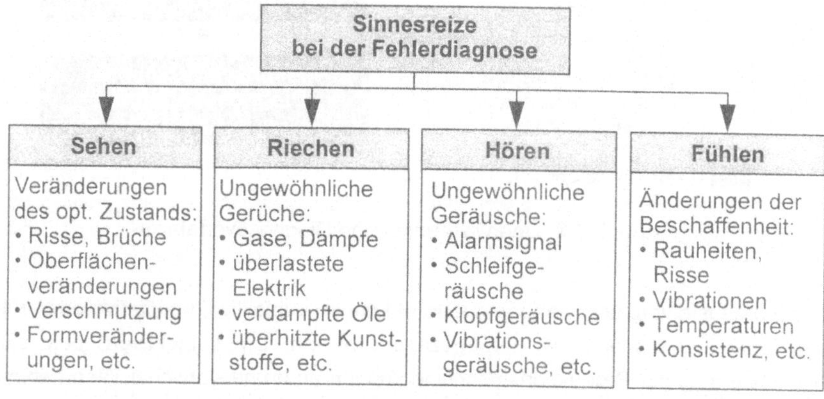

Abb. 2.2-3: Sinnesreize des Maschinenbedieners / Diagnostikers

Da zur Erfassung qualitativer Merkmale keine teueren Meßgeräte eingesetzt werden müssen und die Überprüfungsdauer subjektiver Merkmale meist klein ist, sind die niedrigen Merkmalerfassungskosten und die Unabhängigkeit von einer Anlagensensorik bzw. den Meßeinrichtungen wesentliche Vorteile der subjektiv überprüfbaren Merkmale. Nachteilig ist jedoch die Abhängigkeit des Diagnoseergebnisses vom Er-

---

[20] Die Badewannenkurve stellt die Ausfallrate über die Lebensdauer einer Produktionsanlage mit einem hohen Anteil an mechanischen Komponenten dar. Dabei wird davon ausgegangen, daß in der ersten Betriebsphase (Frühausfälle) und am Ende der Lebensdauer (Abnutzungsausfälle) die Ausfallrate am größten ist [Schu93].

fahrungswissen des diagnostizierenden Mitarbeiters. Dieser Nachteil kann durch den Einsatz eines wissensbasierten Diagnoseverfahrens kompensiert werden.

2.2.2 Wissensbasierte Diagnoseverfahren

Wissensbasierte Diagnoseverfahren repräsentieren sich in der Praxis in Form von sogenannten wissensbasierten Diagnosesystemen[21], mit denen das Fach- und Erfahrungswissen sowie die Diagnosefähigkeit qualifizierter Fachleute auf diagnostische Aufgabenstellungen rekonstruiert werden kann [Iser94]. Hierbei umfaßt der Begriff Diagnoseverfahren die drei Verfahrensschritte **Wissensakquisition**, **Wissensrepräsentation** und **Wissensverarbeitung** des Diagnosewissens. Das Organisationsprinzip von wissensbasierten Diagnosesystemen ist die Trennung zwischen Fach- und Erfahrungswissen über ein Anwendungsgebiet (z.B. eine Produktionsmaschine) und den allgemeinen Problemlösungsmethoden (Diagnosemethoden). Daraus leiten sich die wichtigsten Eigenschaften wissensbasierter Diagnosesysteme ab, nämlich Änderungsfreundlichkeit durch Austausch des Wissens bei unveränderter Problemlösungsmethode und Erklärungsfähigkeit durch Angabe des zur Herleitung einer Problemlösung benutzten Wissens [Harm86] [Haye83] [Pupp88]. Stammt das Fach- und Erfahrungswissen von Menschen, die in ihrem Fachbereich als Experten gelten und besteht eine Äquivalenz des externen Verhaltens des wissensbasierten Systems zu einem menschlichen Experten, so spricht man von Expertensystemen [Kurb89].

Das wichtigste Unterscheidungsmerkmal innerhalb der wissensbasierten Diagnoseverfahren ist das zur Anwendung kommende Verfahren zur Wissensverarbeitung. Daher soll eine erste Abgrenzung anhand der **Wissensverarbeitungsverfahren** vorgenommen werden. In [Pupp90] werden die wissensbasierten Diagnoseverfahren aus Sicht der Problemlösungsmethoden bzw. der Wissensverarbeitungsverfahren betrachtet. Die Diagnose ist demnach ein Klassifikationsproblem, bei dem anhand einer endlichen Menge von Problemmerkmalen (Symptome) eine endliche Menge von Problemlösungen (Fehlerursachen) zugeordnet werden muß. In der Literatur wird zwischen der sicheren, der statistischen, der heuristischen, der modellbasierten und der fallvergleichenden Klassifikation unterschieden (vgl. Abb. 2.2-4), siehe [Frey93] [Pupp90] [Steg94] u.v.a.m..

---

[21] Wissensbasierte Systeme (WBS) sind Computerprogramme, die aus den Komponenten Wissensakquisitionskomponente, Wissensbasis, Inferenzkomponente, Erklärungs- und Dialogkomponente bestehen [Brau87].

Die **sichere Klassifikation** beruht auf sicherem Wissen und Daten, die in Entscheidungstabellen und Entscheidungsbäumen zu sicheren Störungsursachen und damit zu sicheren Diagnoseprozessen führen. Da bei einer Störung an einer Produktionsmaschine ein Symptom mehrere Ursachen haben kann, liegt kein sicheres, sondern nur vages Wissen vor. Daher ist die sichere Klassifikation für die Bestimmung von technischen Störungsursachen nicht geeignet [Seba94].

Die **statistische Klassifikation** basiert auf statistischen Theoremen (z.B. Bayes´-, Dempster-Shafer-Theorem) und setzt eine der Statistik genügende Datenmenge voraus [Gord85]. Da eine derart umfangreiche Datenmenge in der Praxis nur bei mehreren Anlagen gleichen Typs, z.B. im Bereich des technischen Kundendienstes, anzutreffen ist, sind statistische Diagnoseverfahren im Instandhaltungsbereich nicht einsetzbar.

Die **heuristische Klassifikation** unterscheidet sich von der sicheren Klassifikation durch die Verwendung von unsicherem, vagem Wissen und von der statistischen Klassifikation dadurch, daß die Unsicherheiten nicht statistisch berechnet, sondern von Experten festgelegt werden. In der Praxis bedeutet dies, daß den Relationen zwischen Symptomen und Ursachen Wahrscheinlichkeiten zugeordnet werden, die die Bestimmung der wahrscheinlichsten Ursache ermöglichen [Fähn90]. Aufgrund der Verarbeitung von Expertenwissen ist die heuristische Klassifikation das am häufigsten angewendete Wissensverarbeitungsverfahren [Mert90].

Die **modellbasierte Klassifikation** setzt ein für das Diagnoseobjekt geeignetes Modell zur Wissensrepräsentation voraus. Hierbei wird analytisches Wissen über Symptome und deren Ursachen verarbeitet. Das Diagnosemodell wird als „tiefes Modell" bezeichnet, da es sogenanntes Tiefenwissen über die Funktionen und das Verhalten des Diagnoseobjektes beschreibt. Hierbei wird zwischen dem Normal- und dem Fehlfunktions- bzw. Fehlverhaltensmodell unterschieden [Hörm90]. Im Gegensatz zu den tiefen Modellen zählen sogenannte „flache Modelle", die nur die Struktur des Diagnoseobjektes aus einer beliebigen Sicht beschreiben und kein Tiefenwissen repräsentieren, nicht zur modellbasierten Klassifikation [Fult90]. Der Beschreibungsaufwand von Strukturmodellen (flache Modelle) liegt um ein Vielfaches unter dem Beschreibungsaufwand der tiefen Modelle [Steg94]. Aufgrund der Abgrenzung bzgl. der Verarbeitung von vorrangig subjektiven, qualitativen Merkmalen, sind tiefe Modelle und damit die modellbasierte Klassifikation, basierend auf analytischem Wissen, nicht Gegenstand dieser Arbeit.

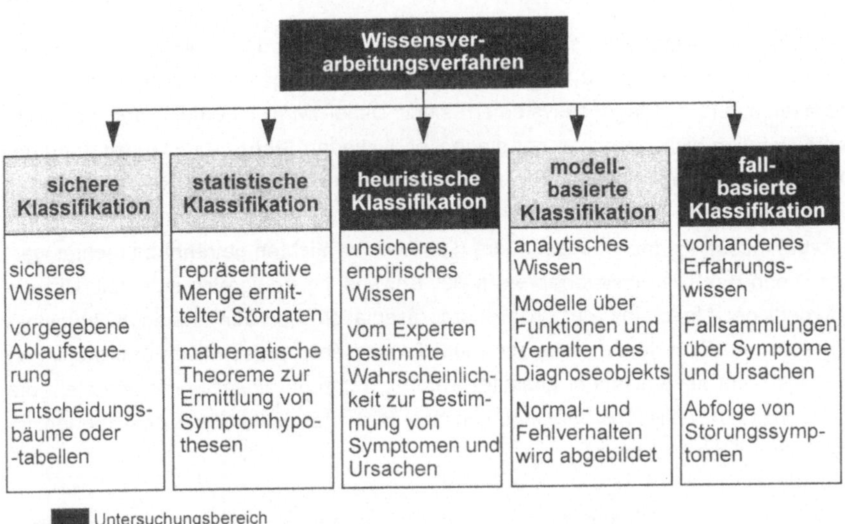

Abb. 2.2-4: Wissensverarbeitungsverfahren

Die **fallbasierte Klassifikation** verarbeitet beobachtetes Diagnosewissen bekannter Störungssituationen. Hierbei ist es ausreichend, wenn die Störungssituation einmalig beobachtet werden konnte. Das Diagnosewissen und das Problemlösungsverhalten des Experten wird durch die Abfolge von Merkmalen, beobachtet in der jeweiligen Störungssituation, in sogenannten Fällen beschrieben [Spec89]. Die Problemlösungsqualität der fallbasierten Diagnose ist aufgrund des fehlenden Tiefenwissens und des fehlenden Erfahrungswissens über das Diagnoseobjekt der heuristischen und modellbasierten Klassifikation unterlegen [Pupp90]. Der Vorteil der fallbasierten Wissensverarbeitung liegt in der einfachen Erfassung des erforderlichen Wissens.

Aufgrund der unterschiedlichen Eignung der Wissensverarbeitungsverfahren für die Störungsfehlerdiagnose im Instandhaltungsbereich, wird der Untersuchungsbereich bzgl. der Wissensverarbeitungsverfahren auf die heuristische und fallbasierte Klassifikation in Verbindung mit flachen Modellen eingeschränkt, vgl. Abb. 2.2-4.

Neben der Unterscheidung der verschiedenen Diagnoseverfahren anhand der zum Einsatz kommenden Klassifikationsmethoden und damit der Wissensverarbeitungsverfahren, ist eine Einschränkung auf die verschiedenen Formen der **Wissensrepräsentation** erforderlich. In der Literatur werden zur Wissensrepräsentation von heuristischem Diagnosewissen Regeln[22], Frames[23] oder Constraints[24] vorgeschlagen [Frey93] [Pupp90], wobei Regeln die am häufigsten verwendete Wissensrepräsentation in Diagnosesystemen sind. Dabei wird innerhalb der Wissensrepräsentation nicht zwischen der diagnoseorientierten **Sicht des Experten** und der DV-systemorientierten **Sicht des EDV-Spezialisten**, der für die Realisierung des wissensbasierten Diagnoseverfahrens zuständig ist, unterschieden. Nach Storr [Stor90] müssen jedoch insbesondere diese beiden Sichten getrennt betrachtet werden, wenn das Diagnoseverfahren in der Anwendung erfolgreich sein soll. Um die erforderliche Akzeptanz der Wissensrepräsentation bei den Instandhaltungsmitarbeitern und Experten zu erhalten, muß die Wissensrepräsentation praxisorientiert und aus Sicht der Anwender gestaltet werden. Aufgrund dieser Forderung steht die praxisorientierte Wissensrepräsentation aus Sicht des Instandhaltungsexperten im Vordergrund dieser Arbeit.

Da wissensbasierte Diagnoseverfahren in die Verfahrensschritte Wissensakquisition, -repräsentation und -verarbeitung unterteilt werden und bei der Wissensakquisition unterschiedliche Vorgehensweisen und Methoden zur Anwendung kommen, ist auch bzgl. der **Wissensakquisition** eine Eingrenzung erforderlich. Die Wissensakquisition umfaßt die Erfassung, Formalisierung, Eingabe und Pflege des Wissens und stellt schon seit Jahren den wesentlichen Engpaß bei der Anwendung von wissensbasierten Diagnoseverfahren dar [Bull90] [Schr88] [Spec89] [Krem91] u.v.a.m.. Neben den Daten und Informationen über das Diagnoseobjekt ist die wichtigste Wissensquelle der oder die Instandhaltungsexperte(n). Grundsätzlich wird zwischen der indirekten, der direkten und der automatischen Wissensakquisition unterschieden, vgl. Abb. 2.2-5 [Kidd87] [Gain88]. Da sich die Wissensakquisition als schwierigste Phase bei der Anwendung von wissensbasierten Diagnoseverfahren herausgestellt

---

[22] Mit Regeln werden gerichtete Beziehungen zwischen Objekten dargestellt. Eine Regel hat immer eine Vorbedingung (IF) und eine Aktion (THEN), die dann ausgeführt werden darf, wenn die Vorbedingung erfüllt ist [Henn91], [Reim91].

[23] Bei Frames wird das gesamte Wissen über ein Objekt in einer Datenstruktur zusammengefaßt. Es entspricht einer objektorientierten Wissensrepräsentation, bei der die Eigenschaften der Objektorientierung genutzt werden [Henn91], [Reim91].

[24] Mit Constraints werden ungerichtete Beziehungen zwischen Objekten dargestellt. Ein Constraint besteht immer aus Name, Definition und Variablen [Henn91], [Reim91].

hat und dabei eine Vielzahl interdisziplinärer Probleme zu lösen sind, hat sich ein eigenständiger Berufszweig, der des Wissensingenieurs[25] , gebildet [Staa90].

Die manuelle, **indirekte Wissensakquisition** ist die am häufigsten eingesetzte Form der Wissensakquisition. Sie umfaßt unterschiedliche Methoden und Techniken, die häufig parallel zum Einsatz kommen [Paal90]. Die wichtigsten Techniken sind:

- Interviewtechnik (unstrukturiertes, strukturiertes Interview und Introspektion). Das Ergebnis ist eine Aufzeichnung von Fakten und Wissen, das anschließend vom Wissensingenieur interpretiert und in die Wissensbasis des Diagnosesystems eingegeben werden muß. Der Wissensingenieur benötigt hierzu Grundwissen über die Domäne (Anwendungsbereich). Während das unstrukturierte Interview dem Wissensingenieur hilft, mit dem Problembereich vertraut zu werden, ist das strukturierte Interview zur Validierung von bereits gewonnenem Wissen nützlich [Pupp88].

- Beobachtungstechnik (Lautes-Denken und Protokollanalyse). Da es den Experten schwerfällt, das ihrem Handeln zugrundeliegende Wissen zu formulieren, werden die Experten bei der Problemlösung beobachtet. Sie sind dabei angewiesen, laut zu denken und ihr Handeln formlos verbal zu beschreiben. Diese verbalen Äußerungen werden protokolliert und analysiert [Schi88].

Nachteilig bei der indirekten Wissensakquisition ist, daß das diagnosespezifische Wissen zuerst von einem Instandhaltungsexperten einem Wissensingenieur mitgeteilt werden muß, bevor es dann vom Wissensingenieur in die Wissensbasis eingegeben werden kann, vgl. Abb. 2.2-5. Dies führt zu erheblichen Informationsverlusten und zu einem hohen Akquisitionsaufwand [Düsp90] [Kira89]. Ein weiterer Nachteil der indirekten Wissensakquisition ist, daß die Interpretation der Expertenäußerungen durch den Wissensingenieur ein Wissensmodell erfordert, d.h. es wird in gewisser Weise gerade das vorausgesetzt, was das Ergebnis der Wissensakquisition sein soll [Marc90].

Um die Probleme der indirekten Wissensakquisition zu vermeiden, soll die Wissensakquisition des zu erarbeitenden Diagnoseverfahrens so gestaltet werden, daß die Instandhaltungsexperten ihr Wissen selbst, ohne die Unterstützung durch einen Wissensingenieur, in die Wissensbasis eingeben können. Das bedeutet eine manuelle **direkte Wissensakquisition** durch die Instandhaltungsxperten.

---

25 Die Aufgabe des Wissensingenieurs (knowledge engineer) besteht darin, das Wissen der Experten zu ermitteln und es in einer für die Wissensverarbeitung geeigneten Form in der Wissensbasis zu repräsentieren [Kurb89]

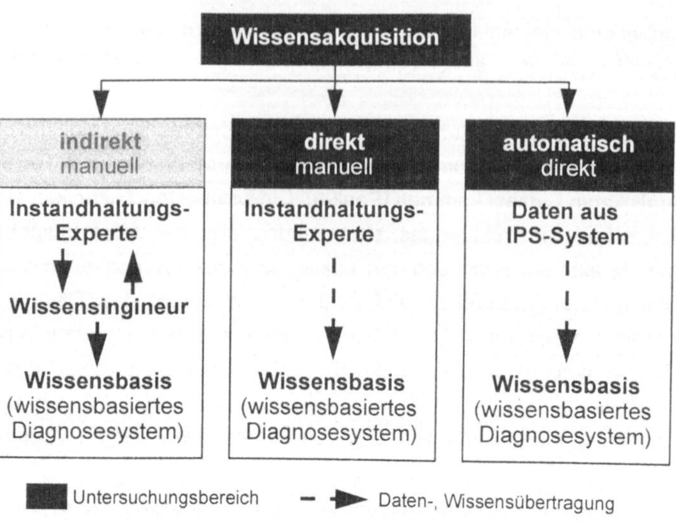

Abb. 2.2-5: Verfahren der Wissensakquisition

Unter der **automatischen Wissensakquisition** versteht man die DV-gestützte Ablei-tung von Wissen aus vorhandenen Daten. Dies führt zu einer erheblichen Reduzie-rung des Wissensakquisitionsaufwandes [Kurb89]. Für die wissensbasierte Diagnose bietet sich die Übernahme von Daten aus Instandhaltungsplanungs- und -steue-rungssystemen (IPS-Systemen), wie zum Beispiel Anlagenstruktur, Instandsetzungs-historie, etc., an. Eine automatische Wissensakquisition durch Übernahme von Da-ten bzw. Wissen aus einem Instandhaltungsplanungs- und -steuerungssystem zur weiteren Bearbeitung in der Wissensbasis durch die Instandhaltungsexperten, würde einen wesentlichen Fortschritt bei der Anwendung wissensbasierter Diagnoseverfah-ren bedeuten. Daher soll neben der direkten Wissensakquisition durch die Instand-haltungsexperten die Möglichkeit der automatischen Wissensakquisition aus den anlagenspezifischen IPS-Daten in der vorliegenden Arbeit betrachtet werden.

Die vorgenommene Abgrenzung bezüglich wissensbasierter Diagnoseverfahren er-folgte anhand der drei Verfahrensschritte Wissensakquisition, Wissensrepräsen-tation, Wissensverarbeitung und ist in Abbildung 2.2-6 übersichtlich dargestellt.

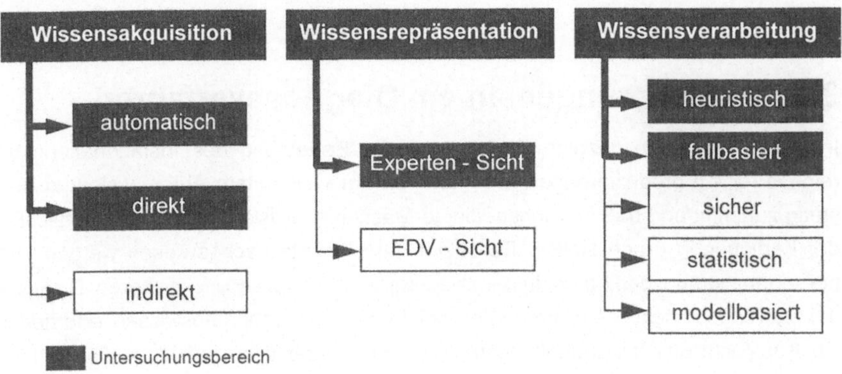

Abb. 2.2-6: Abgrenzung innerhalb der Verfahrensschritte eines wissensbasierten Diagnoseverfahrens

3.   Anforderungen an ein Diagnoseverfahren

In Kapitel 2 konnte gezeigt werden, daß die Bedeutung des Instandhaltungsbereiches für ein produzierendes Unternehmen bei steigendem Automatisierungsgrad stetig zunimmt und daß störungsbedingte Maschinenstillstände die Wirtschaftlichkeit der Fertigung in Frage stellen. Darüber hinaus konnte nachgewiesen werden, daß bei einer störungsbedingten Instandsetzung zur schnellen und sicheren Diagnose der Störungsursachen ein umfangreiches Fach- und Erfahrungswissen erforderlich ist. Aus Sicht des Instandhaltungsbereiches bedeutet dies, daß dem diagnostizierenden Mitarbeiter ein den Diagnoseprozeß unterstützendes Werkzeug zur sicheren und schnellen Ursachendiagnose zur Verfügung gestellt werden muß. Hierzu ist ein wissensbasiertes Diagnoseverfahren erforderlich.

Der Einsatz von wissensbasierten Diagnoseverfahren ermöglicht die flexible Bereitstellung des erforderlichen Diagnosewissens und führt damit zu einer Reduzierung der Diagnosezeit. Eine Steigerung der technischen Verfügbarkeit der Produktionsmaschinen ist die Folge. Dies gilt insbesondere beim Einsatz komplexer Produktionsanlagen und in dezentralen Produktionsstrukturen, in denen die Anlagen- und Prozeßverantwortung bei den Produktionsmitarbeitern liegt.

In diesem Kapitel werden die Anforderungen an ein wissensbasiertes Diagnoseverfahren erarbeitet. Um nicht ein auf Teilaspekte optimiertes Diagnoseverfahren[26] zu entwickeln, welches bei der Anwendung nicht zum Erfolg führen würde, ist eine ganzheitliche Betrachtung der Verfahrensschritte erforderlich. Diese sind:
- Erfassung des Diagnosewissens (Wissensakquisition),
- Repräsentation des Diagnosewissens (Wissensrepräsentation) und
- Verarbeitung des Diagnosewissens (Wissensverarbeitung).

Das Scheitern von teiloptimierten Diagnoseverfahren in der Anwendung ist insbesondere darin begründet, daß die einzelnen Verfahrensschritte Wissensakquisition, Wissensrepräsentation und Wissensverarbeitung nicht den Anforderungen der Pra-

---

[26] Wissenschaftliche Arbeiten auf dem Gebiet der wissensbasierten Diagnoseverfahren beschäftigen sich meist mit Aufgabenstellungen der Wissensrepräsentation oder -verarbeitung. Wie das erforderliche Wissen bei einer Praxisanwendung akquiriert, in die Wissensbasis eingegeben und gepflegt werden soll, wird dabei vernachlässigt. Ein Scheitern solcher Diagnosesysteme in der Anwendung ist daher vorprogrammiert [Lang92] [Reus92] [Gloc92].

xis genügen und sich gegenseitig beeinflussen [Gloc92]. Daher sind die bestehenden Interdependenzen bei der Entwicklung des Diagnoseverfahrens zu berücksichtigen, vgl. Abb. 3-1. Im folgenden werden die einzelnen Verfahrensschritte analysiert und darauf aufbauend die Anforderungen an die jeweiligen Verfahrensschritte abgeleitet.

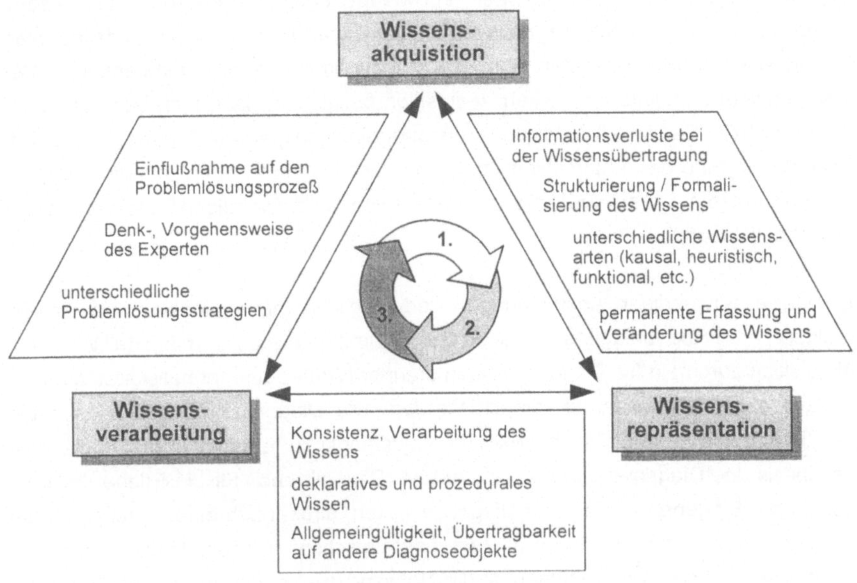

Abb. 3-1: Interdependenzen zwischen den Verfahrensschritten

3.1 Akquisition von Diagnosewissen

Die Wissensakquisition ist ein iterativer Prozeß, der schon seit Jahren den wesentlichsten Engpaß bei der Anwendung von wissensbasierten Diagnoseverfahren darstellt [Bull90] [Schr88] [Krem91] u.v.a.m.. Dabei wird zwischen der erstmaligen Wissensakquisition (Aufbau der Wissensbasis) und der ergänzenden Wissensakquisition (Pflege der Wissensbasis) unterschieden [Marc90] [Spec89]. Die erstmalige Wissensakquisition beinhaltet neben der Erfassung des Expertenwissens über eine ausgewählte Domäne (Anwendungsbereich) auch die Formalisierung des Wissens, um dieses Wissen abbilden zu können [Kurb89]. Neben Daten und Informationen über das Diagnoseobjekt, ist die wichtigste Wissensquelle der oder die Diagnoseexperte(n). Da eine Wissensakquisition bei jedem Diagnoseobjekt (z.B. Produktionsmaschine) erforderlich ist, muß es das Ziel sein, den Wissensakquisitionsaufwand zu minimieren.

Die wissensbasierten Diagnosesysteme sind bisher nicht in der Lage, das von den Experten formulierte Wissen unmittelbar DV-technisch zu verarbeiten. Daher ist ein sogenannter Wissensingenieur oder "knowledge engineer" erforderlich [Bons88]. Seine Aufgabe ist es, das Diagnosewissen der Experten zu erfassen, aufzubereiten und in einer systemadäquaten Form zu strukturieren und zu implementieren. Der Vorgang wird als indirekte Wissensakquisition bezeichnet. Zwischen dem Wissensingenieur (DV-Spezialist) und dem Instandhaltungsexperten (Diagnosespezialist) besteht aufgrund des unterschiedlichen Fachwissens ein Verständigungs- und Verständnisproblem. Dies erfordert eine Vielzahl von zeitaufwendigen Abstimmungsgesprächen [Spec89].

Um diese aufwendigen Abstimmungen und mögliche Informationsverluste zu vermeiden, muß die anlagenspezifische und damit individuelle indirekte Wissensakquisition durch ein für Diagnosewissen standardisiertes und formalisiertes direktes Wissensakquisitionsverfahren ersetzt werden. Die Diagnoseexperten müssen die Möglichkeit besitzen, ihr Diagnosewissen selbständig zu formulieren und in die Wissensbasis des Diagnosesystems einzugeben. Dies gilt auch für die Pflege der Wissensbasis, Eingeben von neuem Diagnosewissen, direkt nach einer durchgeführten Diagnose und Löschen von veraltetem oder falschem Wissen. Insbesondere bei komplexen technischen Systemen ist die Notwendigkeit gegeben, daß die Wissensbasis von mehreren Instandhaltungsexperten (Steuerungsspezialist, Mechaniker, Hydrauliker, etc.) bearbeitet werden muß [Pfei95]. Daher ist für eine direkte Wissensakquisition eine einfach zu bedienende Wissensakquisitionskomponente erforderlich [Steg94] [Gloc92].

Bei der störungsbedingten Fehlerdiagnose ist es nicht immer möglich, eindeutige Symptom-Ursachen-Relationen anzugeben. Kausale Zusammenhänge zwischen Symptomen und deren Ursachen sind nur selten bekannt. Dies ist darin begründet, daß die Symptom-Ursachen-Relationen aufgrund einer räumlichen und/oder zeitlichen Trennung zwischen den Symptomen und deren Ursachen nicht zu beobachten sind [Pupp87]. Bei der Verfahrensentwicklung zur direkten Wissensakquisition müssen daher die unterschiedlichen zu akquirierenden Wissensarten, heuristisches und kausales Wissen über Symptome und deren Relationen, funktionales Wissen über Maschinenkomponenten und Wissen über Störungsursachen und entsprechende Instandsetzungsmaßnahmen, berücksichtigt werden.

Das menschliche Gedächnis ist so aufgebaut, daß nur ein Teil des gesamten Wissens als aktives Wissen abrufbar ist [Barl91]. Insbesondere das Erfahrungswissen, das sich in Form von Vorgehensweisen in speziellen Diagnoseprozessen bewährt hat und das durch Verdichtung von bestimmten Handlungs-, Denk- und Symptommustern entstanden ist, entzieht sich dem bewußten Zugriff und ist daher nicht abrufbar [Spec89]. Muß der Experte sich z.B. mit einem ihm bekannten Diagnoseproblem auseinandersetzen, so sind die Erfahrungen ähnlicher Probleme die Grundlage seines Handelns. Muß er jedoch ein bisher unbekanntes Diagnoseproblem lösen, so muß auch er allgemeine Problemlösungsprinzipien heranziehen und das Problem detailliert analysieren. Da das Problemlösen zum Teil hochautomatisiert ist, d.h. viele Denkschritte laufen automatisch, parallel und unbewußt ab, ist das Problemlösungswissen der Introspektion nicht zugänglich. Daher kann es sprachlich nur schwer erfaßt werden [Kurb89]. Entsprechend der Forderung, den Wissensakquisitionsaufwand zu minimieren, soll auf die Akquisition des diagnoseproblemabhängigen Metawissens[27] der Diagnoseexperten verzichtet werden. Daraus folgt, daß die Instandhaltungsexperten bei der Wissensakquisition nur den gewählten Problemlösungsweg beschreiben müssen. Die Begründung, warum dieser Lösungsweg gewählt wurde, ist nicht erforderlich.

Da der Instandhaltungsexperte bei der störungsbedingten Fehlerdiagnose die meisten Symptome durch seine Sinnesorgane erfaßt (z.B. Sehen, Tasten, Hören, Riechen), liegen diese nur nonverbal vor. Es kommt zu Verbalisierungsproblemen [Spec89]. Dies ist insbesondere dann der Fall, wenn zwischen der Diagnose einer technischen Störung und der Wissensakquisition ein größerer Zeitraum liegt. Das Wissensakquisitionsverfahren muß daher eine permanente Erfassung des Diagnosewissens ermöglichen. Darüber hinaus muß das Wissensrepräsentationsmodell und das Wissensverarbeitungsverfahren eine permanente Veränderung der Wissensbasis zulassen.

Aufgrund des hohen Aufwands der manuellen Wissensakquisition und der damit verbundenen Kosten sind die über ein Diagnoseobjekt datenverarbeitungstechnisch zur Verfügung stehenden Daten in die Wissensakquisition mit einzubeziehen. Daten stellen insbesondere eine Quelle für Faktenwissen dar [Spec89]. Das für die Diagnose wichtige kausale und heuristische Wissen der Experten kann dabei durch das

---

[27] Unter Metawissen wird Wissen über Wissen verstanden. Metawissen beschreibt Vorgehensweisen, wie vorhandenes Wissen angewendet oder verändert werden kann [Reim91].

Faktenwissen[28] ergänzt, jedoch nicht ersetzt werden. Der Forderung nach einem zum Teil automatisierten Wissenserwerb aus vorhandenen Daten kann nur dann Genüge geleistet werden, wenn diagnostisches Wissen in einer datenverarbeitungsgerechten Form vorliegt. Eine wesentliche Datenquelle für Diagnosewissen im Instandhaltungsbereich stellen die Instandhaltungsplanungs- und -steuerungssysteme (IPS-Systeme) dar. Da diese DV-Systeme eine Vielzahl von Informationen über das Diagnose- / Instandhaltungsobjekt beinhalten, läßt die Nutzung von IPS-Systemdaten zur Wissensakquisition eine Reduzierung des Wissensakquisitionsaufwandes erwarten.

Ziele	Anforderungen
• Vermeidung von Informationsverlusten, hohe Benutzerakzeptanz	• direkte Wissensakquisition durch die Instandhaltungsexperten, ohne Wissensingenieur
• Reduzierung des Akquisitions- und Beschreibungsaufwandes	• Verzicht auf die Erfassung von schwer beschreibbarem Metawissen über Diagnoseprozesse
• hohe Qualität und Aktualität der Wissensbasis und Vermeidung von Informationsverlusten	• permanente Pflege (ergänzen, löschen, etc.) von Diagnosewissen
• Reduzierung des manuellen Wissensakquisitionsaufwandes	• automatische Akquisition von Daten, Faktenwissen aus IPS-Systemen

Abb. 3.1-1: Anforderungen an das Wissensakquisitionsverfahren

Mit den Anforderungen an das Wissensakquisitionsverfahren sind gleichzeitig Anforderungen an die Wissensrepräsentation und das Wissensverarbeitungsverfahren verknüpft. So ist zum Beispiel eine permanente Pflege des Diagnosewissens nur möglich, wenn die Wissensrepräsentation die Möglichkeit zur Veränderung und Ergänzung des Diagnosewissens in der Wissensbasis ermöglicht.

---

[28] Faktenwissen beschreibt Gegenstände, Erscheinungen und Zusammenhänge, die objektiv gewiß sind, z.B. die Hauptspindeldrehzahl beträgt 980 Umdrehungen pro Minute. Bezogen auf das gesamte Diagnosewissen über eine Produktionsmaschine kann das Faktenwissen einen wesentlichen Umfang der Wissensbasis darstellen [Spec89].

3.2 Repräsentation von Diagnosewissen

Eine wesentliche Komponente eines wissensbasierten Diagnosesystems ist die Wissensbasis. In ihr wird das während der Wissensakquisition erfaßte Diagnosewissen repräsentiert. Dieses Wissen ist jedoch nicht direkt repräsentationsfähig. Es muß unter Berücksichtigung des gesamten Diagnosewissens vom Wissensingenieur strukturiert werden. Diese Strukturierung ist erforderlich, weil die Wissensrepräsentation zum einen den Anforderungen einer für den Computer verarbeitbaren Zeichenkette[29] entsprechen und zum anderen das Diagnosewissen für die Instandhaltungsexperten verständlich darstellen muß [Stor90].

Bei der Wissensstrukturierung wird festgelegt, inwieweit die Wissensstruktur des Experten in der Wissensbasis abgebildet werden kann, oder ob aus DV-Sicht eine Veränderung der Struktur des Expertenwissens erforderlich ist. Heutige Wissensrepräsentationen, erstellt durch Wissensingenieure, sind systemangepaßt und werden primär den Anforderungen der Datenverarbeitung gerecht [Reim91]. Dabei fließen Wissensrepräsentationsstrukturen bzgl. der Datenverarbeitung sowie die Wissensstruktur der Experten und deren Inhalt ineinander, so daß eine anlagenspezifische Wissensrepräsentation entsteht. Die problemangepaßte Wissensrepräsentation aus Sicht des Instandhaltungsexperten findet dabei keine ausreichende Berücksichtigung [Stor90]. Die Folge ist, daß die Wissensrepräsentationen von den Instandhaltungsexperten nicht verstanden werden und das Diagnoseverfahren auf Akzeptanzprobleme bei den Anwendern stößt. Darüber hinaus ist eine Übertragbarkeit der Wissensrepräsentationsverfahren auf andere Anlagen nicht möglich [Hörm90]. Storr [Stor90] spricht diesbezüglich von problemangepaßten - aus Expertensicht - und systemangepaßten - aus Sicht der Datenverarbeitung - Wissensrepräsentationen, die getrennt zu betrachten sind. Der Instandhaltungsexperte denkt und spricht von realen Anlagenkomponenten und Funktionen, von Ersatzteilen, beobachteten Symptomen und Störungen. Der Wissensingenieur hingegen spricht von Regeln, Objekten und Frames [Reim91].

Für den Problembereich der störungsbedingten Fehlerdiagnose muß daher eine vom Diagnoseobjekt unabhängige Wissensrepräsentation entwickelt werden, die eine für den Instandhaltungsexperten verständliche Darstellung der zur Problemlösung erfor-

---

[29] Ein Computer operiert nicht auf dem Hintergrund eines allgemeinen Wissens (common knowledge), wie es dem menschlichen Denkprozeß zugrunde liegt. Daher muß für eine DV-gerechte Verarbeitung von Diagnosewissen jede Dimension der gewünschten Problemlösung explizit formuliert werden [Spec89].

derlichen Zusammenhänge (Diagnosewissen) erlaubt und dennoch die DV-gestützte Verarbeitung des repräsentierten Wissens ermöglicht.

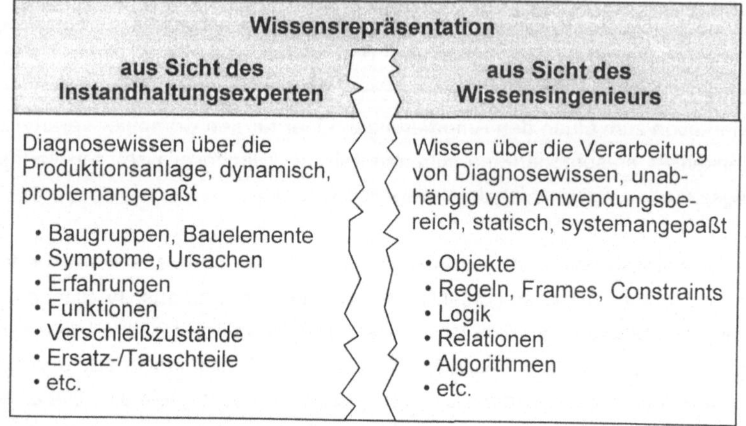

Abb. 3.2-1: Wissensrepräsentation aus Sicht der Instandhaltungsexperten und des Wissensingenieurs

Der Betrieb von technischen Anlagen bedingt eine Reduzierung des Abnutzungsvorrates[30] der einzelnen Maschinenkomponenten und führt zum Teil zu einer Dynamik des Diagnosewissens[31]. Unter Berücksichtigung der Ausfallhäufigkeit von Maschinenkomponenten über die Zeit (Ausfallkurve), ist eine Pflege der Wissensbasis in Abhängigkeit des Maschinenalters erforderlich [Spec89]. Umbaumaßnahmen an Produktionsmaschinen, sich ändernde Umwelteinflüsse und die zunehmende Dynamik in den Produktionsbetrieben führen zu einer Verkürzung der Halbwertzeit des Wissens und damit zu der Notwendigkeit, die Wissensbasis zu pflegen. Daher ist für den Instandhaltungsexperten eine verständliche Wissensrepräsentation zwingend erforderlich, damit er entsprechend der Anforderung in Kapitel 3.1 ohne Unterstüt-

---

[30] Der Abnutzungsvorrat ist im Sinne der Instandhaltung der Vorrat der möglichen Funktionserfüllung unter festgelegten Bedingungen, der einer Betrachtungseinheit aufgrund der Herstellung oder der Wiederherstellung durch Instandsetzung innewohnt [DIN 31051].

[31] Die Dynamik von Anteilen des Diagnosewissens wird mit dem Begriff der Halbwertzeit des Wissens beschrieben [Spec89]. Diese Halbwertzeit kann je nach Anlage und Wissen so hoch sein, daß eine Aufnahme in die Wissensbasis nicht gerechtfertigt ist.

zung durch einen Wissensingenieur neues Diagnosewissen hinzufügen bzw. veraltetes oder falsches Wissen löschen kann.

Um den Aufwand zur Pflege der Wissensbasis gering zu halten, müssen die anlagenspezifischen Inhalte der Wissensbasis nach möglichst eindeutigen Ordnungskriterien strukturiert werden können. Neben den dynamischen Wissensinhalten besteht das Diagnosewissen auch aus statischem Wissen, z.B. Wissen über Anlagenkomponenten und deren funktionale oder physische Struktur (flache Modelle). Dieser Tatsache müssen die Elemente der Wissensrepräsentation aus Sicht der Instandhaltungsexperten Rechnung tragen. Darüber hinaus müssen immer die gleichen Elemente bei der Wissensrepräsentation zum Einsatz kommen, damit die Übertragbarkeit der Wissensrepräsentation und damit des Diagnoseverfahrens auf andere Anlagen gewährleistet ist. Bezüglich der Wissensrepräsentation aus Sicht der Instandhaltungsexperten besteht die Forderung nach einer Universalität, die es ermöglicht, die unterschiedlichen Wissensarten mit den für die Diagnose erforderlichen Relationen (z.B.: funktional, physisch) und unterschiedlichen Wissensinhalten unabhängig von einer spezifischen Anlage repräsentieren zu können. Erst die Allgemeingültigkeit der Repräsentation von technischem Diagnosewissen aus Sicht der Instandhaltungsexperten ermöglicht das Anlegen von einheitlichen und anlagenunabhängigen Wissensstrukturen aus DV-Sicht.

Da Produktionsmaschinen komplexe technische Systeme darstellen, können die Anforderungen an eine Wissensrepräsentation aus Sicht der Instandhaltungsexperten nur dann erfüllt werden, wenn ein hinreichendes Modell des zu diagnostizierenden Systems in der Wissensbasis repräsentiert werden kann. Funktionsstruktur und insbesondere das funktionale Verhalten komplexer Systeme sind aber mit vertretbarem Aufwand nicht exakt zu beschreiben. Daher stehen nur empirisch gewonnene Diagnosemodelle zur Verfügung, die zudem auf unvollständiges und unsicheres Wissen angewendet werden müssen [Fied90] [Mert90]. Die Modelle enthalten i.d.R. prozedurales[32] Wissen, wodurch eine Verknüpfung zwischen dem Metawissen der technischen Diagnose (Problemlösungswissen) und dem anlagenspezifischen Diagnosewissen (Problembereichswissen) entsteht. Diese anlagenbezogene Verknüpfung verhindert eine Transformation der Wissensrepräsentation auf andere technische Anlagen. Die Folge ist, daß der Aufwand, die Kosten zur Erarbeitung einer ge-

---

[32] Prozedurales Wissen beinhaltet Wissen über den aktiven Gebrauch - die Verarbeitung - des Wissens zur Problemlösung. Im Gegensatz dazu beschreibt deklaratives Wissen den reinen Sachverhalt ohne Angaben über die Anwendung des Wissens zur Problemlösung.

eigneten Wissensrepräsentation, für jede Anwendung des Diagnoseverfahrens (z.B. bei unterschiedlichen Produktionsmaschinen) erforderlich ist. Daher ist eine Repräsentation des anlagenspezifischen Diagnosewissens aus Experten-, Anwendersicht erforderlich, die unabhängig vom Problemlösungswissen ist. Da das prozedurale Problemlösungswissen für die Wissensverarbeitung von großer Bedeutung ist, muß bei der Erarbeitung der Wissensrepräsentation das Wissensverarbeitungsverfahren berücksichtigt werden.

Eine weitere Anforderung an die Wissensrepräsentation ergibt sich aus der Forderung nach einer automatischen Wissensakquisition aus IPS-Daten. Hierbei muß das Wissen, welches aus den anlagenspezifischen Daten und Informationen eines IPS-Systems automatisch abgeleitet werden kann, repräsentiert werden können.

Ziele	Anforderungen
• hohe Benutzerakzeptanz, Aufbau und Pflege der Wissensbasis durch die Instandhaltungsexperten	• Trennung von Wissensrepräsentation aus Sicht der Instandhaltungsexperten und der DV-Sicht
• flexible Anwendung, Übertragbarkeit auf verschiedene Diagnoseobjekte, hohe Problemlösungsqualität	• anlagenunabhängige, universelle Repräsentation von unterschiedlichem Diagnosewissen
• automatische Wissensakquisition	• Repräsentation von IPS-Daten
• einfacher Aufbau der Wissensbasis, reduzierter Pflegeaufwand, Benutzerakzeptanz	• eindeutige Ordnungskriterien und definierte Elemente zur Wissensrepräsentation
• Reduzierung des Übertragungsaufwands	• Trennung von deklarativem Problembereichs- und prozeduralem Problemlösungswissen

Abb. 3.2-2: Anforderungen an die Wissensrepräsentation

3.3 Verarbeitung von Diagnosewissen

Für die Wissensverarbeitung wissensbasierter Diagnoseverfahren ist die Inferenz- bzw. Problemlösungskomponente zuständig. Sie verarbeitet das Diagnosewissen, welches in der Wissensbasis repräsentiert ist, mit Hilfe der vorgegebenen Problemlösungsmethoden. Das Lösen eines Diagnoseproblems und damit die Verarbeitung von Diagnosewissen ist ein Klassifikationsproblem, bei dem der Problembereich aus zwei endlichen Mengen von Problemmerkmalen (Symptomen) und Problemlösungen (Ursachen) besteht [Seba94]. Da ein Symptom mehrere Ursachen haben kann, handelt es sich bei dem Vorgang, von einem Symptom auf die mögliche Ursache zu schließen, um eine Abduktion[33]. Eine logisch zwingende Schlußweise wie bei der Deduktion ist nicht möglich. Dabei kann die Herleitung der richtigen Ursachen in der Regel nicht aufgrund eines Symptoms oder einer kleinen Symptommenge erfolgen. Der Diagnosevorgang ist daher ein iterativer Prozeß, wobei die Lösung eines Diagnoseschrittes die möglichen Symptome des nächsten Diagnoseschrittes darstellen [Steg94] [Hake91]. Die dabei betrachteten Zwischenstufen werden als diagnostischer Mittelbau bezeichnet [Pupp87].

Das Wissensverarbeitungsverfahren hat daher neben der effizienten Symptomauswertung die Aufgabe, die zur Überprüfung von Verdachtsdiagnosen notwendigen Symptome zu generieren. Darüber hinaus soll das Wissensverarbeitungsverfahren gewährleisten, daß in jeder Diagnosesituation der aussichtsreichste Lösungsweg verfolgt wird.

Psychologische Untersuchungen haben ergeben, daß der diagnostische Prozeß der Experten eine hierarchische Suche ist. Dabei ist die Vorgehensweise hypothetisch-deduktiv, d.h. aufgrund von wenigen Symptomen werden Verdachtsdiagnosen generiert, die anschließend gezielt überprüft werden [Pupp87]. Diese Vorgehensweise spiegelt die Tatsache wider, daß in der Praxis nicht alle möglichen Symptomrelationen bekannt sind oder diese aus technischen, organisatorischen und wirtschaftlichen Gründen nicht erhoben werden können. Dies bedeutet, daß das Wissensverarbeitungsverfahren in der Lage sein muß, aufgrund weniger Symptome eine plausible Hypothese bezüglich der Ursache zu erstellen, die bei gegenteiliger Evidenz[34] zurückgezogen bzw. vom weiteren Diagnosevorgang ausgeschlossen wer-

---

[33] Bei der Abduktion werden aus bekannten Schlußfolgerungen mögliche Voraussetzungen abgeleitet. Abduktion ist das Gegenteil von Deduktion, bei der aus vorhandenem, allgemeinem Wissen spezielle Schlußfolgerungen abgeleitet werden [Jack86].

[34] Als Evidenz wird der Wahrscheinlichkeitswert einer Aussage bezeichnet [Rhod91].

den kann [Rhod91]. Generierte Ursachenhypothesen müssen daher durch die Überprüfung von weiteren Symptomen bestätigt oder verworfen werden können. Das Wissen über funktionale Zusammenhänge erhält dabei eine hohe Bedeutung.

Die in heutigen Diagnoseverfahren ungenügend berücksichtigten Relationen zwischen den Ursachen, den Symptommengen, den vorhandenen Funktionen und den physischen Maschinenkomponenten sowie die unvollständigen Verarbeitungsalgorithmen und -strategien führen bei der Diagnose zu unzureichendem Problemlösungsverhalten der wissensbasierten Diagnoseverfahren [Frey93]. Um die erforderliche Akzeptanz eines Diagnoseverfahrens in der Praxis zu erreichen, muß die Verarbeitung von unterschiedlichem Wissen durch das Wissensverarbeitungsverfahren möglich sein. Darüber hinaus müssen die Vorgehensweisen und die Schlußfolgerungen des Wissensverarbeitungsverfahrens für den Anwender derart transparent sein, daß er die vom Wissensverarbeitungsverfahren vorgeschlagenen Symptome bzw. Ursachen nachvollziehen kann.

Der Instandhaltungsexperte wechselt die benutzte Diagnosestrategie während eines Diagnoseprozesses mehrmals und verwendet auch unterschiedliche Kombinationen der einzelnen Strategien. Um das anlagen- und störungsspezifische Diagnoseverhalten des Instandhaltungsexperten bei der Wissensverarbeitung durch das DV-System zu erreichen, wird prozedurales Diagnosewissen über die jeweilige Anlage in das Wissensverarbeitungsverfahren implementiert. Die Folge ist ein Anlagenbezug des Wissensverarbeitungsverfahrens, der eine Übertragbarkeit des Verfahrens auf andere Diagnoseobjekte verhindert [Hörm90]. Die implementierten Wissensverarbeitungsverfahren werden den unterschiedlichen Vorgehensweisen und dem Verhalten der Instandhaltungsexperten beim Lösen diagnostischer Probleme nicht gerecht, da heutige Wissensverarbeitungsverfahren keine ausreichende Anpassung der Diagnosestrategien anbieten [Punc92]. Die Folge ist eine aufwendige Anpassung für jedes Diagnoseobjekt, die nur vom Systemspezialisten (Wissensingenieur) durchgeführt werden kann. Darüber hinaus kommt es aufgrund unzureichender Schlußfolgerungen des Wissensverarbeitungsverfahrens zu Akzeptanzproblemen beim Anwender.

Als Anforderung läßt sich zusammenfassend ableiten, daß das Wissensverarbeitungsverfahren die Verarbeitung von unterschiedlichem Diagnosewissen ermöglichen muß. Darüber hinaus muß das Verfahren, um eine Übertragbarkeit auf andere Diagnoseanwendungen zu gewährleisten, eine Allgemeingültigkeit bzgl. der störungsbedingten Fehlerdiagnose besitzen. Spezielle Methoden zur Verarbeitung von problemspezifischem Diagnosewissen, wie es in heutigen Diagnosesystemen durch das anlagenspezifische Metawissen repräsentiert wird, dürfen nicht angewendet werden. Das Wissensverarbeitungsverfahren muß in der Lage sein, die in der Wissensbasis repräsentierten Symptome an die jeweiligen Symptome der aktuellen Diagnosesituation zu adaptieren, und für den Benutzer muß die Möglichkeit bestehen, auf die Diagnosestrategie und damit auf das Wissensverarbeitungsverfahren direkten Einfluß zu nehmen. Dabei muß die Wissensverarbeitung der realen Vorgehensweise (Hypothese und Test) der Instandhaltungsexperten entsprechen.

Eine weitere Anforderung aus der Praxis besteht darin, daß der Anwender des Diagnoseverfahrens die Möglichkeit besitzen muß, mittels geeigneter Methoden das Wissen über relevante Maschinenkomponenten und Maschinenfunktionen direkt aus der Wissensbasis zu extrahieren [Pupp90]. Die Wissensverarbeitung muß im Diagnoseprozeß auf Teile der Anlage oder einzelne Maschinenfunktionen eingeschränkt werden können. Diese Forderungen sind bei der Entwicklung des Wissensverarbeitungsverfahrens zu berücksichtigen. Letztendlich ist das Wissensverarbeitungsverfahren für die Richtigkeit und Effizienz der diagnostischen Problemlösung verantwortlich.

Ziele	Anforderungen
• hohe Problemlösungsqualität im Diagnoseprozeß	• Verarbeitung von unterschiedlichem Diagnosewissen • Symptomadaption im Diagnoseprozeß
• Benutzerakzeptanz	• Transparenz der Entscheidungen und mehrere Diagnosestrategien
• einfache Übertragbarkeit auf andere Diagnoseobjekte	• Allgemeingültigkeit des Wissensverarbeitungsverfahrens für die störungsbedingte Fehlerdiagnose
• schnelle Ursacheneingrenzung im Diagnoseprozeß	• Einschränkung des Diagnosewissens auf ausgewählte Anlagenbaugruppen und Maschinenfunktionen

Abb. 3.3-1: Anforderungen an das Wissensverarbeitungsverfahren

4. Stand der Technik

Da im beschriebenen Untersuchungsbereich teilweise betreffende Lösungsansätze bekannt sind, sollen in diesem Kapitel die wesentlichen Arbeiten aus Forschung und Praxis diskutiert werden, die sich mit der Wissensakquisition, der Wissensrepräsentation und der Wissensverarbeitung von technischem Diagnosewissen auseinandersetzen. Die durchgeführten Literaturrecherchen und Untersuchungen der verschiedenen Forschungs- und Praxisberichte machten deutlich, daß sich die bisherigen Arbeiten mit Problemstellungen aus dem Bereich der Wissensrepräsentation oder der Wissensverarbeitung oder beiden Bereichen befassen, siehe [Bart90], [Lang92], [Mehl87], [Rens92], [Wirt89] u.v.a.m.. Das Thema der Akquisition von technischem Diagnosewissen, welches nach Erfahrung der Experten etwa siebzig Prozent des Aufbauaufwands eines Diagnosesystems ausmacht [Härd92] [Haye83] [Karb89] [Marc90], wird nur rudimentär behandelt. Hier wird vielmehr auf theoretische Abhandlungen der allgemeinen Wissensakquisition verwiesen. Glockmann stellte bei seinen Untersuchungen fest, daß in ingenieurwissenschaftlichen Arbeiten die Wissensakquisition gegenüber der Wissensrepräsentation nicht exakt getrennt wird [Gloc92]. Das verdeutlicht, daß die Interdependenzen zwischen der Wissensakquisition, der Wissensrepräsentation und der Wissensverarbeitung von technischem Diagnosewissen bisher nicht ausreichend berücksichtigt wurden. Darüber hinaus sind die möglichen Potentiale und Synergieeffekte, die durch eine ganzheitliche Betrachtung der drei Verfahrensschritte möglich sind, noch nicht erschlossen. Dies ist jedoch erforderlich, wenn ein wissensbasiertes Diagnoseverfahren für den Praxiseinsatz entwickelt werden soll, welches sich durch einen geringen Erstellungs- und Anwendungsaufwand und eine flexible Einsetzbarkeit auszeichnet.

4.1 Wissensakquisition

Aufgabe der Wissensakquisition ist es, das Fach- und Erfahrungswissen der Instandhaltungsexperten zu erfassen und entsprechend den Vorgaben der Wissensrepräsentation formalisiert in die Wissensbasis eines wissensbasierten Diagnoseverfahrens einzugeben. Eine Analyse der in der Literatur genannten Diagnosesystemeinsätze verdeutlicht, daß nur in einer geringen Anzahl der dort beschriebenen Projekte die eingesetzten Verfahren der Wissensakquisition beschrieben werden [Nold91] [Gloc92] [Noe91]. Eine technische oder wirtschaftliche Beurteilung der eingesetzten Wissensakquisitionsverfahren liegt nicht vor. Vielmehr wird auf die allge-

meinen Methoden der Wissensakquisition in unterschiedlichen Expertensystem-
projekten verwiesen.

In der Mehrzahl der Diagnosesystemanwendungen wird zur Erfassung von technischem Fach- und Erfahrungswissen das indirekte Wissensakquisitionsverfahren
eingesetzt [Gloc92]. Aufgrund der damit verbundenen Nachteile, hoher Wissensakquisitionsaufwand und fehlende Akzeptanz bei den Instandhaltungsexperten etc.,
wird in diesem Kapitel, entsprechend der in Kapitel 2 vorgenommenen Abgrenzung,
der Stand der Technik bzgl. der manuellen direkten und der automatischen Wissensakquisition betrachtet.

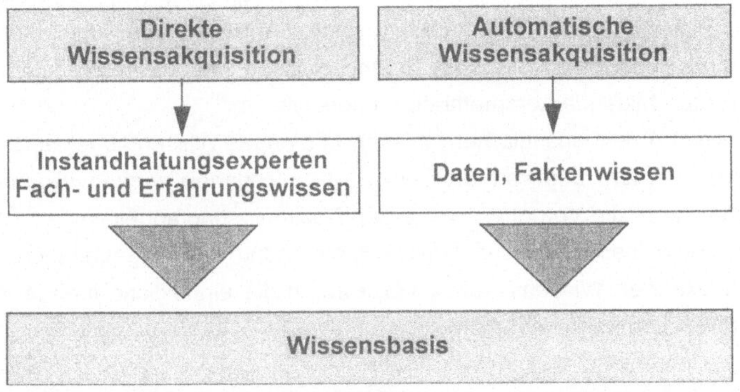

Abb. 4.1-1: Direkte und automatische Wissensakquisition

Die direkte Wissensakquisition zeichnet sich dadurch aus, daß sie im Gegensatz zur
indirekten Wissensakquisition keinen Wissensingenieur benötigt. Die Diagnoseexperten formulieren ihr Fach- und Erfahrungswissen selbst und geben dieses direkt
in die Wissensbasis ein. Hierzu ist eine einfach zu bedienende Wissensakquisitionskomponente und eine für den Instandhaltungsexperten verständliche Wissensrepräsentation erforderlich [Steg94]. Betrachtet man die Wissensakquisitionskomponenten realisierter Diagnosesysteme, so wird deutlich, daß die direkte Wissensakquisition bzgl. technischem Diagnosewissen noch am Anfang ihrer Entwicklung
steht [Gloc92]. Bisher können nur Teilaspekte der Wissenserfassung, zum Beispiel
die Eingabe von Faktenwissen in ein vorher vom Wissensingenieur festgelegtes
Wissensmodell, erfolgen. Nach Fathi-Torbaghan [Fath92] kann selbst dann nicht auf
die indirekte Wissensakquisition durch einen Wissensingenieur verzichtet werden,
wenn eine geeignete Wissensakquisitionskomponente vorliegt. In der Literatur

werden neben fehlenden Wissensakquisitionskomponenten vor allem die komplexen Wissensrepräsentationsmodelle (tiefe Modelle) für diesen Zustand verantwortlich gemacht [Held88] [Steg94] [Birk93]. Die Mehrzahl der Wissenschaftler und Praktiker gehen davon aus, daß eine Reduzierung des Wissensakquisitionsaufwandes, durch direkte oder automatische Wissenserfassung, einen breiten Einsatz und Anwendung wissensbasierter Diagnoseverfahren ermöglichen würde [Härd92] [Kira89] [Noe91].

Insbesondere die automatische Wissensakquisition führt zu einer erheblichen Reduzierung des Wissensakquisitionsaufwandes. Das automatisierte Überführen von Daten in Wissen wird in der Literatur unter dem Oberbegriff "Lernen" zusammengefaßt und unter Gesichtspunkten der künstlichen Intelligenz (KI) meist theoretisch behandelt [Pupp88] [Kurb89] [Marc88] u.v.a.m.. Angaben über die automatische Wissensakquisition von technischem Diagnosewissen sind kaum vorhanden. In der Literatur werden folgende Lernmethoden unterschieden:

- Deduktives Lernen: aus internem Wissen wird neues Wissen abgeleitet.
- Induktives Lernen: aus vorhandenen Problemlösungen werden allgemeine Erkenntnisse über die Vorgehensweise der Problemlösung abgeleitet.
- Lernen durch Instruktion: syntaktische Umformung des eingegebenen Wissens von der externen Wissensstruktur (Experte) in die einheitliche interne Wissensstruktur (Wissensrepräsentation).

Die bisher realisierten Verfahren zur automatischen Wissensakquisition, basierend auf den genannten Lernmethoden, wurden in KI-Labors entwickelt und konnten im Bereich der wissensbasierten Diagnose noch nicht erfolgreich eingesetzt werden [Mich86] [Gloc92]. Erste Teilerfolge bei der automatischen Wissensakquisition konnten mit einem der Instruktion ähnlichen Verfahren erzielt werden. Dabei wird aus den für einen speziellen Anwendungsfall vorhandenen Daten - in Verbindung mit vorhandenem Wissen über die Interpretation dieser Daten - neues Wissen abgeleitet und in eine adäquate rechnerinterne Form überführt. Hierbei wird jedoch kein grundsätzlich neues Wissen erzeugt, sondern Wissen aus einer DV-Quelle in die interne Form der Wissensrepräsentation transferiert und somit der Wissensverarbeitung zugänglich gemacht [Birk93]. Schneider stellt ein Verfahren vor, mit dem es möglich ist, aus strukturiert verketteten Teilabläufen, die in Anweisungslisten programmiert sind, automatisch eine Fehlerauswirkungsmatrix zu generieren [Schn88]. Aufbauend auf diese Fehlerauswirkungsmatrix kann dann - allerdings manuell - eine Wissensbasis erstellt werden. In [Noe91] wird eine Möglichkeit dargestellt, Teile des benötigten Faktenwissens zur Diagnose hydraulischer Anlagen aus den CAD-Zeichnungsdateien des Hydraulikschaltplans, dem Ablauf der speicherprogrammierbaren Steuerung (SPS) und dem SPS-Programmcode abzuleiten. Der weitere Ausbau der Wissensbasis wird jedoch nicht behandelt.

Die Mehrzahl der bisherigen Arbeiten betrachtet die automatisierte Erfassung von quantitativen Zustandsparametern aus anlagenspezifischen Überwachungs- und Steuerungssystemen [Frey93] [Iser94] [Reus92] [Mehl87] [Dieh92] u.v.a.m.. Für die wissensbasierte Diagnose würde die automatische Wissensakquisition, durch Übernahme von Daten bzw. Wissen aus einem Instandhaltungsplanungs- und -steuerungssystem (IPS-System) zur weiteren Bearbeitung in der Diagnosewissensbasis durch die Instandhaltungsexperten, einen wesentlichen Fortschritt bedeuten. Die Möglichkeit einer automatischen Wissensakquisition aus den anlagenspezifischen IPS-Daten Anlagenstruktur, Ersatzteile, Instandsetzungsaufträge, etc., wurde bisher noch nicht wissenschaftlich untersucht.

4.2   Wissensrepräsentation

Nach der Erfassung des Fach- und Erfahrungswissens der Diagnoseexperten, muß das Diagnosewissen in die Wissensbasis des Diagnoseverfahrens eingegeben werden. Hierzu ist eine für unterschiedliche Wissensarten geeignete Wissensrepräsentation erforderlich.

Nach Sandner kann Diagnosewissen in deklaratives Wissen, zur Darstellung von Sachverhalten, und prozedurales Wissen, zur Darstellung von Vorgehens- und Handlungsweisen, unterteilt werden [Sand91]. Dabei handelt es sich um eine inhaltsbezogene Unterteilung, die für den Diagnosesystemersteller (Wissensingenieur, DV-Spezialist) von Bedeutung ist. Für den Diagnosesystemanwender und damit für die Wissensrepräsentation aus Sicht der Instandhaltungsexperten ist jedoch eine herkunftsbezogene Unterteilung des Diagnosewissens wichtiger. Herkunftsbezogen kann zwischen heuristischem, empirischem und analytischem, kausalem Diagnosewissen unterschieden werden [Wied92], vgl. Abb. 4.2-1. Die Begriffe empirisches bzw. heuristisches Wissen sowie die Begriffe kausales bzw. analytisches Wissen gelten dabei als Synonyme [Frey93].

Wie in Kapitel 3 gezeigt wurde, ist eine Unterteilung der Wissensrepräsentation in die Sicht des Instandhaltungsexperten und in die Sicht des DV-Spezialisten erforderlich. Entsprechend der vorgenommenen Abgrenzung soll in diesem Kapitel der Stand der Technik bzgl. der Wissensrepräsentation aus Sicht der Instandhaltungsexperten betrachtet werden.

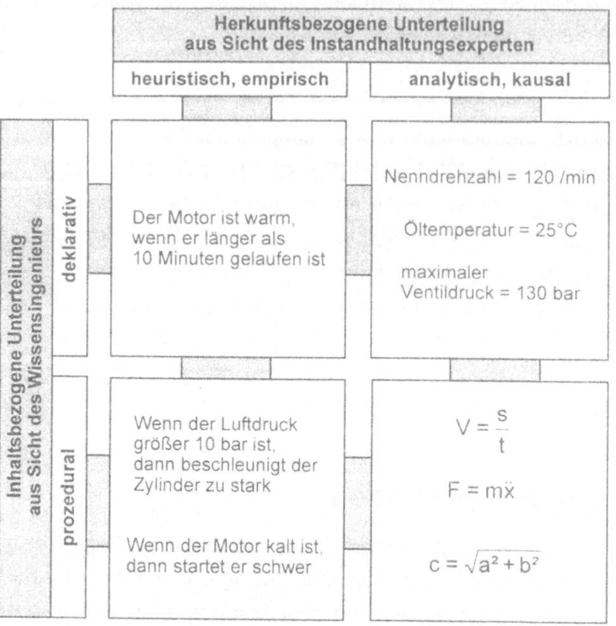

$$V = \frac{s}{t}$$

$$F = m\ddot{x}$$

$$c = \sqrt{a^2 + b^2}$$

Abb. 4.2-1: Inhalts- und herkunftsbezogene Unterteilung des Diagnosewissens

Untersucht man die Entwicklung wissensbasierter Verfahren zur Diagnose, so ging der Entwicklungstrend vom allgemeinen Problemlösungsansatz (General Problem Solver [Haye83]) über bereichsbezogene Expertensysteme (z.B. Diagnose [Pupp87]) zu speziellen problembezogenen Diagnoseverfahren. Dabei wurde die Spezialisierung von Entwicklungsstufe zu Entwicklungsstufe höher [Fath92] [Hüfn92]. Die Folge dieser Entwicklung sind anlagenspezifische, modellorientierte Diagnoseverfahren[35], deren Wissensbasen derart detailliert sind, daß sie trotz guter Strukturierungsmöglichkeiten einen hohen Beschreibungsaufwand erfordern und auf andere Anlagen nicht oder nur schwer übertragbar sind [Hörm90] [Abu91] [Steg94].

---

[35] Diagnoseverfahren, die auf rein analytischem Wissen basieren (z.B.: Paritätsraummethode, Parameter-, Zustandsgrößenschätzungen [Iser94]) benötigen ein detailliertes, tiefes Modell und gelten als rein modellbasierte Diagnoseverfahren. Modellorientierte Diagnoseverfahren nutzen sowohl heuristisches als auch analytisches Wissen zur Diagnose und benötigen ein flaches Modell [Wied93].

Eine Analyse der Forschungs- und Entwicklungsarbeiten wissensbasierter Diagnoseverfahren macht deutlich, daß nahezu immer ein Modell zur Repräsentation des Diagnosewissens bzw. des Diagnoseobjektes vorliegt, vgl. Abb. 4.2-2. Dabei liegt das größte Problem darin, ein für den Instandhaltungsexperten anschauliches Wissensrepräsentationsmodell zu entwerfen und die unterschiedlichen Wissensarten konsistent zu halten [Härd92] [Held88] [Voss86]. Bei der Lösung dieses Problems wurden von verschiedenen Wissenschaftlern unterschiedliche, meist anlagen- oder problemspezifische Repräsentationsmodelle entworfen, deren Beschreibungsaufwand stark variiert und deren Übertragbarkeit auf andere Anlagen nicht gegeben ist. Betrachtet man die einzelnen Repräsentationsmodelle, so läßt sich feststellen, daß zwischen der Wissensart und der Modellkomplexität bzw. dem Beschreibungsaufwand ein Zusammenhang besteht. Die Modellkomplexität ist bei überwiegend analytischem Diagnosewissen größer als bei überwiegend heuristischem Diagnosewissen [Kira89] [Grim87].

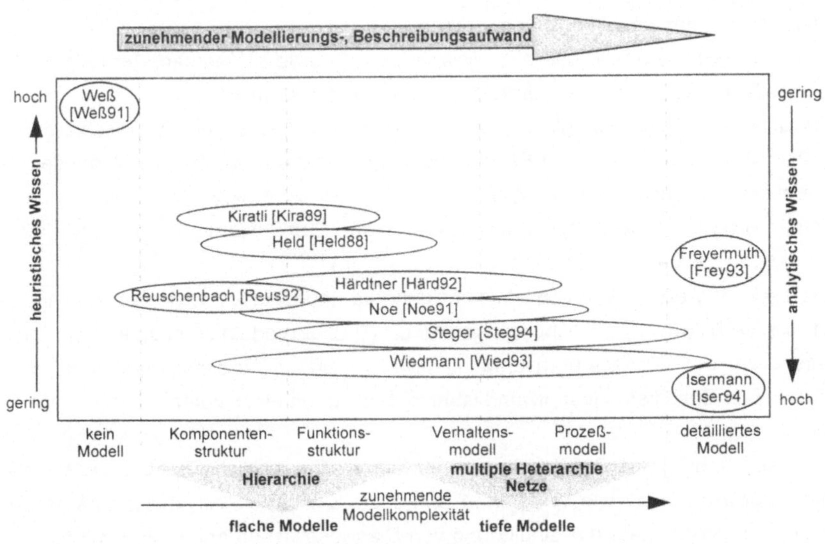

Abb. 4.2-2: Wissensrepräsentationen aus Anwendersicht

Zur Repräsentation des Diagnosewissens werden neben dem Begriff des Symptoms und der Ursache Bezeichnungen wie Komponentenstruktur, Funktionsstruktur, Verhaltensmodell, Prozeßmodell u.a.m., verwendet. Dabei werden die Begriffe in den wissenschaftlichen Arbeiten unterschiedlich definiert und interpretiert. Um einen

Überblick über den Stand der Technik derjenigen Wissensrepräsentationen zu erhalten, die nicht auf tiefen Modellen basieren, werden im folgenden die wichtigsten Arbeiten kurz vorgestellt und analysiert. Abbildung 4.2-2 zeigt eine Einteilung verschiedener Wissensrepräsentationen aus Sicht der Instandhaltungsexperten anhand der heuristischen bzw. analytischen Wissensanteile und den unterschiedlichen Repräsentationselementen bzw. Modelltiefen.

Wiedmann [Wied93] unterscheidet in seiner objektorientierten Wissensrepräsentation aus Sicht der Instandhaltungsexperten zwischen folgenden Strukturen:

- Komponentenstruktur, die eine gerätetechnische Struktur des Diagnoseobjektes in einer strengen Hierarchie darstellt.
- Verbindungsstruktur, repräsentiert sich in Form eines Netzes und beschreibt die logischen und physischen Verbindungen (Funktionen) zwischen den Komponenten.
- Abbildungsstruktur, ist eine analytische Beschreibung des Verhaltens und der Funktionen der einzelnen Komponenten.

Um u.a. die Pflege des Wissens zu gewährleisten, fordert Wiedmann für jede Struktur jeweils drei verschiedene Betrachtungsebenen. Diese sind:

- Aggregationsebene, um gleiche Baugruppen zusammenfassend zu beschreiben.
- Abstraktionsebene, um den Beschreibungsaufwand auf das für die Diagnose wesentliche Wissen zu beschränken.
- Spezialisierungsebene, zur Klassifizierung der Strukturelemente auf der detailliertesten Beschreibungsebene.

Aufgrund der Vielzahl unterschiedlicher Elemente und Ebenen sowie der Notwendigkeit, die Verbindungs- und Abbildungsstruktur (Prozeßmodell) zu beschreiben, kann diese Form der Wissensrepräsentation nur von einem Wissensingenieur gepflegt werden. Der Beschreibungsaufwand ist hierbei als hoch einzustufen.

Härdtner [Härd92] und Steger [Steg94] verfolgen eine ähnliche Zielsetzung bei der Wissensstrukturierung wie Wiedmann [Wied93]. Sie bauen ein physisches Modell als Ordnungssystem für die Einbindung von Diagnosewissen auf. Es entspricht weitgehend der oben genannten Komponentenstruktur. Zur Repräsentation des funktionalen Verhaltens des Diagnoseobjektes bzw. der Komponenten benutzt Härdtner sogenannte Flußmodelle (Netze), die durch folgende Größen beschrieben werden: Eingangsgröße, Ausgangsgröße, Übertragungsfunktion sowie Flußgröße, Quelle und Senke. Die Elemente des physischen Modells und des Flußmodells werden durch Aggregations-, Struktur-, Klassifikations- und Zuordnungsbeziehungen miteinander verknüpft. Somit kann das Anlagenverhalten in Störungssituationen beschrieben werden (Prozeßmodell). Ein ähnlicher Wissensrepräsentationsansatz wird auch von Schönecker [Schö91] und Keuneke [Keun91] vorgeschlagen. Zur übersichtlichen Gestaltung besteht die Möglichkeit, Komponenten- und Funktionsklassen zu bilden. Ein Wissensingenieur ist zur Abbildung von technischem Diagnosewissen in diesem Repräsentationsmodell unumgänglich.

Held [Held88] stellt die Notwendigkeit einer komponentenorientierten, einer funktionellen und einer logischen Strukturierung des Diagnosewissens dar. Innerhalb der komponentenorientierten Struktur wählt er eine hierarchische Aufteilung und versucht dabei, die funktionelle mit der komponentenorientierten Struktur zu verbinden. Hierbei benutzt er die funktionale Betrachtungsweise als Aggregation zur Hierarchiebildung. Die funktionelle Betrachtung eines Systems geht dann mit zunehmendem Detaillierungsgrad in eine komponentenorientierte Strukturierung über. Eine identische Wissenstrukturierung, ergänzt um sogenannte Fehlerursachenbereiche, wird von Kiratli vorgeschlagen [Kira89]. Obwohl Held und Kiratli funktionale Komponenten in einer Hierarchie festlegen, ist das Beschreiben von funktionalen Relationen bzw. Verhalten wie bei Wiedmann [Wied93] oder Härdtner [Härd92] nicht möglich. Zur Beschreibung der logischen Struktur baut Held eine Netzstruktur auf, deren Pflegeaufwand erfahrungsgemäß hoch ist [Held88]. Um das Diagnosewissen über Prozeßstörungen zu repräsentieren, wird ein statischer Fehlerbaum mit sechs Ebenen vorgeschlagen. Eine Beispielapplikation zeigt jedoch, daß die Hierarchie nicht konsequent eingehalten werden kann. Nachteilig bei dieser Wissensrepräsentationsform ist der hohe Pflegeaufwand der logischen Struktur und des Fehlerbaums sowie die fehlende Möglichkeit zur Repräsentation funktionaler Relationen zwischen den Komponenten des Diagnoseobjektes. Bei komplexeren Produktionsmaschinen und umfangreichem Diagnosewissen ist die Pflegbarkeit anzuzweifeln.

Ein häufig verfolgter Ansatz ist die Repräsentation von heuristischem Diagnosewissen durch sogenannte Erfahrungsregeln (Wenn-Dann-Regeln), [Gapp89] [Noe91] [Reus92] u.v.a.m.. Die allgemeine Form einer Regel lautet: Wenn Prämisse P, dann Konklusion K. Dabei können P und K nicht nur logische Aussagen sein, sondern auch für Aktionen oder für eine Folge von Aktionen stehen. Sowohl im Prämissen- als auch im Konklusionsteil sind beliebige Konjunktionen (logisches Und) und Disjunktionen (logisches Oder) möglich [Kurb89]. Eine auf Regeln aufgebaute Wissensbasis für komplexe technische Systeme ist jedoch unübersichtlich, so daß die Regeln meist in Komponenten-, Funktions- oder Prozeßstrukturmodelle eingebettet sind. Hierzu ist ein Wissensingenieur erforderlich. Darüber hinaus ist eine regelbasierte Wissensrepräsentation nicht auf verschiedene Diagnoseobjekte übertragbar [Hörm90] [Reim91].

Ein Diagnoseansatz ohne die Nutzung von analytischem Wissen wird von Althoff [Alth92] und Weß [Weß91] verfolgt. Ziel ist ausschließlich die Repräsentation von heuristischem Diagnosewissen in sogenannten Fällen. Dabei steht ein Fall für eine Episode, eine Menge von Abläufen und Ereignissen, die in einer zeitlichen Beziehung zueinander stehen [Stec92] [Ries89]. Ein Fall besteht nach Weß aus einer Störungsursache und den dabei zu beobachtenden Symptomen [Weß91]. Die Repräsentation von sogenanntem Hintergrundwissen über die Komponenten des Diagnoseobjektes, Funktionen bzw. Verhalten der Komponenten oder Prozeßabläufe ist nicht vorgesehen. Aufgrund der einfachen Wissensrepräsentation in Fällen ist kein Wissensingenieur erforderlich. Nachteilig ist jedoch, daß eine Strukturierung des Diagnosewissens nach Komponenten, Funktionen oder Prozeßabläufen nicht möglich ist. Das bedeutet, daß die Wissensrepräsentation keine Ordnungskriterien, außer den Fällen selbst, enthält. Ein Zugriff auf das repräsentierte Diagnosewissen kann somit nur über die Wissenselemente Symptom oder Ursache erfolgen. Die Vielzahl der Symptome an einer technischen Anlage und deren kombinatorischen Möglichkeiten innerhalb einer Störungssituation ergibt eine unbegrenzte Menge an Fällen. Inkonsistenzen der Fälle und Redundanzen sind die Folge. Die Möglichkeit der Pflege der Wissensbasis ist fragwürdig.

Zusammenfassend kann festgestellt werden, daß bisherige Wissensrepräsentationsmodelle, in denen Anlagenstrukturen, Funktionen, Störungszustände und Diagnoseprozeßabläufe abgebildet werden, zu komplex sind, um von einem Instandhaltungsexperten aufgebaut oder gepflegt werden zu können. Ein Wissensingenieur ist erforderlich [Wied93] [Härd92] [Held89] [Kira89] u.a.m.. Wissensrepräsentationen, die sich im wesentlichen auf heuristisches Wissen in Form von Regeln oder Fällen beschränken, erfordern umfangreiche Wissensbasen, die aufgrund fehlender Ordnungskriterien nicht pflegbar sind [Noe91] [Reus92] [Alth92] [Weß91]. Darüber hinaus ist die Diagnosefähigkeit bzgl. Funktionsstörungen unzureichend. Allen betrachteten Wissensrepräsentationen ist gemeinsam, daß sie nicht oder nur unter hohem Aufwand durch einen Wissensingenieur auf andere Diagnoseobjekte übertragen werden können. In der vorliegenden Arbeit soll daher ein vom Diagnoseobjekt unabhängige Wissensrepräsentation erarbeitet werden, bei der die Instandhaltungsexperten ihr Diagnosewissen ohne fremde Hilfe abbilden und pflegen können.

4.3 Wissensverarbeitung

Nachdem das Fach- und Erfahrungswissen der Diagnoseexperten in der Wissensbasis des Diagnosesystems repräsentiert ist, muß es bei der Anwendung des Diagnoseverfahrens von der Inferenzkomponente entsprechend der vorgegebenen
Problemlösungsmethoden (Klassifikationsmethoden) verarbeitet werden. Die Problemlösungsmethoden repräsentieren dabei das Wissensverarbeitungsverfahren
[Seba94]. Entsprechend der in Kapitel 2 vorgenommenen Eingrenzung des Untersu-
chungsbereiches sollen nur die Möglichkeiten zur Wissensverarbeitung betrachtet
werden, mit denen die Verarbeitung von überwiegend heuristischem Wissen (heuristische und fallbasierte Klassifikation) bei flachen Repräsentationsmodellen möglich
ist.

Wird die Klassifikation bezüglich der Symptome und ihrer Ursachen an Hand von
Erfahrungswissen eines oder mehrerer Experten vorgenommen, so spricht man von
heuristischer Klassifikation. Dabei ist eine schrittweise Abstraktion von Symptomen zu ihren Ursachen, unter Berücksichtigung des Diagnosewissens der Instandhaltungsexperten über die möglichen Symptom-Ursachen-Relationen, notwendig
(diagnostischer Mittelbau) [Pupp90]. Das Erfahrungswissen der Instandhaltungsexperten spiegelt sich meist in sogenannten Evidenzfaktoren wider, die bei der Verarbeitung des Diagnosewissens berücksichtigt werden. Da technische Diagnoseprobleme nur selten in Form einer strengen Hierarchie zwischen Symptomen und ihren
möglichen Ursachen abgebildet werden können, ist zur Wissensverarbeitung eine
Hypothesize-and-Test Vorgehensweise erforderlich [Steg94] [Noe91]. Sie entspricht
dem heuristisch-deduktiven Vorgehen der Diagnoseexperten, bei dem aus bekannten Symptomen Verdachtshypothesen generiert werden, um diese anschließend
gezielt zu überprüfen. Dieser Vorgang wiederholt sich, bis eine Hypothese (Ursache)
etabliert werden kann [Pupp90].

Die meisten Anwendungen heuristischer Diagnoseverfahren basieren auf Erfahrungsregeln (Wenn-Dann-Regel). Eine Untersuchung der wissenschaftlichen Arbeiten mit regelbasiertem Diagnosewissen macht deutlich, daß in einer Vielzahl der Arbeiten die eigentliche Wissensverarbeitung nicht betrachtet wird [Härd92] [Wied93]
[Fath92] u.v.a.m.. Das bedeutet, daß das Wissensverarbeitungsverfahren nicht an
die Vorgehensweise der Diagnoseexperten angepaßt ist. Die Verarbeitung der Regeln wird dem Regelinterpreter bzw. der Inferenzkomponente des eingesetzten Ex-

pertensystem-Werkzeuges (XPS-Tool[36]) oder der Expertensystem-Schale (XPS-Shell[37]) überlassen [Reus92] [Seif92] [Fath92] u.a.m..

Bei der Verarbeitung der Regeln wird zwischen Vorwärts- und Rückwärts-verkettung[38] bzw. Vorwärts- und Rückwärts-Reasoning[39] unterschieden. Die Vorge-hensweise zur Verarbeitung von regelbasiertem Diagnosewissen entspricht dabei der Hypothesize-and-Test Strategie [Frey93] [Pupp90] u.a.m.:

- von einem oder mehreren bekannten Symptomen ausgehend wird auf eine oder mehrere Ursachen geschlossen (Hypothese)
- diese werden dann durch Überprüfung weiterer Daten (Symptome) verifiziert (Test).

Die Reihenfolge der Regelabarbeitung hängt dabei von den eingegebenen oder be-rechneten Wahrscheinlichkeitswerten, den Evidenzen, der Regeln ab. Diese Evi-denzwerte repräsentieren das Erfahrungswissen der Instandhaltungsexperten und werden bei der Wissensakquisition festgelegt [Noe91] oder vom Wissensverarbei-tungsverfahren in Abhängigkeit der Auftretenshäufigkeiten errechnet [Reus92].

Held unterscheidet die Anfangsevidenz der Experten in einem statischen Fehler-baum und die errechnete Evidenz im Diagnoseprozeß. Diese werden in Abhängigkeit des betrachteten Fehlerknotens im dynamischen Fehlerbaum errechnet und steuern

---

[36] Expertensystem-Entwicklungswerkzeuge (XPS-Tool) stellen unterschiedliche Mechanismen und Methoden zum Aufbau von Expertensystemen zur Verfügung. Durch Auswahl geeigneter Kompo-nenten können anwendungsspezifische Schnittstellen, Wissenserwerbskomponenten und Wis-sensverarbeitungsmethoden realisiert werden [Harm89].

[37] Eine XPS-Shell ist ein Expertensystem ohne anwendungsspezifische Wissensbasis. Anwender-schnittstelle, Wissenserwerbskomponente und Wissensverarbeitungsverfahren können nicht modi-fiziert werden [Harm89].

[38] Die Art der Verkettung beschreibt, wie Regeln aktiviert werden. So wird bei der Vorwärtsverkettung von als wahr erkannten Prämissen vorwärts zu Schlüssen (Zielen) verkettet, die aufgrund bekann-ter Fakten möglich sind. Analog kann von einer Folgerung rückwärts auf die Bedingungen ge-schlossen werden, um zu überprüfen, ob diese durch Fakten gestützt werden.

[39] Die Art des Reasoning beschreibt die Problemlösungsstrategie des Programms. Beim Rückwärts-Reasoning wird versucht, nach Aufteilung des Hauptzieles in viele Teilziele, durch Erfüllung dieser Teilziele wiederum das Hauptziel zu erreichen (bottom-up-Vorgehen). Umgekehrt soll beim Vor-wärts-Reasoning das Ziel durch direkte Anwendung geeigneter Fakten erreicht werden (top-down-Vorgehen).

die Regelabarbeitung und damit den Diagnoseprozeß [Held88]. Die wesentlichen Nachteile der regelbasierten Wissensverarbeitung sind die Abhängigkeit vom betrachteten Diagnoseobjekt, eine nicht beeinflußbare, intransparente Diagnosestrategie und die fehlende Möglichkeit der Einschränkung der Wissensverarbeitung auf das relevante Diagnosewissen.

Eine heuristische Wissensverarbeitung, die nicht auf Regeln aufbaut, wird von Kiratli vorgestellt [Kira89]. Für definierte Fehlerursachenbereiche werden dazu unterschiedliche Symptom-Ursachen-Matrizen aufgebaut. Diese enthalten für jede Ursache mehrere Symptome und Evidenzwerte. Nachteilig ist die Unübersichtlichkeit der großen Symptom-Ursachen-Matrizen aufgrund der vielen verschiedenen Symptom-Ursachen-Konstellationen. Bei n Symptomen gibt es n^2 verschiedene Konstellationen, die theoretisch in der Matrix abgebildet werden müssen. Die Wissensverarbeitung erfolgt durch eine Matrixreduktion, bei der sowohl positive, als auch negative Symptome berücksichtigt werden. Hierbei wird der propagierte Fehlerursachenbereich von positiven Symptomen verstärkt und von negativen Symptomen geschwächt. Verantwortlich für die Wissensverarbeitung ist eine starre Diagnoseablaufsteuerung, bei der die Diagnosestrategie durch den Anwender nicht beeinflußt werden kann. Das Verfahren ist somit ungeeignet für die geforderte Wissensverarbeitung.

Eine noch junge Form zur Verarbeitung von heuristischem Wissen ist die fallbasierte Wissensverarbeitung. Sie ist auf konnektionistische Ansätze zurückzuführen, wo mit intuitivem Expertenwissen gearbeitet wird, welches nicht erst explizit beschrieben werden soll [Kolo85] [Weß92]. Die **fallbasierte Klassifikation** eignet sich für Diagnoseprobleme, bei denen das heuristische Diagnosewissen in Form von einer Sammlung von sogenannten Diagnosefällen vorliegt [Pfit93]. Die Anzahl der bekannten Diagnosefälle muß nicht, wie bei der statistischen Klassifikation, den Anforderungen der Statistik genügen. Das Vorhandensein eines einzigen Falles kann schon zur Bestimmung der Störungsursache herangezogen werden [Alth92a] [Slad91]. Ziel der fallbasierten Klassifikation ist es, das reale Problemlösungsverhalten eines Diagnoseexperten durch protokollierte Fallbeispiele abzubilden.

Zur Klassifikation werden die aktuell am technischen System beobachtbaren Symptome mit den in der Fallbasis gespeicherten Symptomen verglichen. Da die Symptome eines bekannten Falles mit der aktuell vorliegenden Störung nur in den wenigsten Fällen vollständig übereinstimmen, muß der Grad der Übereinstimmung bewertet werden. Hierzu werden meist mathematische Distanz- oder Ähnlichkeitsmaße eingesetzt. Der allgemeine Diagnoseablauf kann wie folgt beschrieben werden [Barl91] [Kolo91]:

1. Lokalisierung ähnlicher Fälle in der Fallbasis anhand indizierter Symptome.
2. Auswahl des ähnlichsten Falles. Hierzu sind weitere Symptome in das Diagnosesystem einzugeben und die betreffenden Fälle zu bewerten.
3. Transfer des ausgewählten Falles auf die aktuelle Situation.
4. Feedback, Bestätigung eines bekannten Falles oder die Ergänzung des ausgewählten Falles mit bisher unbekannten Symptomen.

Die fallbasierte Klassifikation ist erst in letzter Zeit populär geworden [Kolo93]. Nach Minsky wird jedoch die fallbasierte Wissensverarbeitung in zwanzig Jahren die wichtigste Anwendung der künstlichen Intelligenz in der Praxis darstellen [Mins91]. In der Diagnostik sind bisher noch keine praktisch erfolgreichen Systeme bekannt [Pupp90]. Obwohl sich bei der fallbasierten Diagnose die Wissensakquisition auf die Erfassung und Speicherung bekannter Störungsfälle beschränkt, bezweifelt Specht [Spec89], daß ohne eine Standardisierung der Symptome von technischen Systemen diese Art von Diagnosesystemen überhaupt einsetzbar sind.

Von Weß wird ein System zum adaptiven, fallfokussierenden Lernen in technischen Diagnosesituationen vorgeschlagen [Weß91]. Er unterscheidet zur Wissensverarbeitung zwischen erfüllten, widersprüchlichen, unbekannten und redundanten Symptomen, die mit starren Bewertungsfaktoren in die Berechnung der Fallübereinstimmung eingehen. Basierend auf dieser Berechnung wird die Fallbasis partitioniert in bewiesene, widerlegte, inkonsistente und indifferente Fälle. Aus den Fallklassen werden dann Fälle ausgewählt und Ursachenhypothesen generiert. Zur Überprüfung der Hypothesen werden Tests vorgeschlagen, die aus einem sogenannten Erfahrungsgraphen, aufgebaut vom Wissensingenieur durch Reihenfolgeregeln, abgeleitet werden. Zur Auswahl einer geeigneten Diagnosestrategie wird neben der Diagnosefallbasis eine getrennte Diagnosestrategiefallbasis aufgebaut. Sie enthält typische Diagnosestrategiefälle, die in Zusammenarbeit zwischen Diagnoseexperte und Wissensingenieur aufgebaut werden. Die Folge sind Redundanzen zwischen der eigentlichen Diagnosefall- und der Strategiefallbasis. Nachteilig bei diesem Wissensverarbeitungsansatz ist der Aufwand zur Beschreibung des Erfahrungsgraphen durch einen Wissensingenieur sowie die entstehenden Datenredundanzen durch eine von der Diagnosefallbasis getrennte Strategiefallbasis.

Zusammenfassend kann festgehalten werden, daß die existierenden Wissensverarbeitungsverfahren zur heuristischen und fallbasierten Klassifikation den gestellten Anforderungen, einer praxisnahen Wissensverarbeitung mit unterschiedlichen Diagnosestrategien und einer Wissenseinschränkung auf die relevanten Diagnosebereiche, nicht genügen. Darüber hinaus ist die Übertragbarkeit der betrachteten Wissensverarbeitungsverfahren auf unterschiedliche Diagnoseobjekte nicht gegeben und der Beschreibungsaufwand ist unzulässig hoch. Daher ist ein Wissensverarbeitungsverfahren zu entwickeln, welches die in Kapitel 3 dargestellten Anforderungen erfüllt.

5.   Zielsetzung der Arbeit

Ziel der vorliegenden Arbeit ist es, ein wissensbasiertes Diagnoseverfahren zu entwickeln, das die Instandhaltungsmitarbeiter bei der Fehlerdiagnose von Maschinenstörungen unterstützt. Dadurch können die störungsbedingten Stillstandszeiten der Produktionsanlagen reduziert sowie die Ausfallfolgekosten gesenkt werden.

Bisherige Arbeiten zur Entwicklung von Diagnoseverfahren beschäftigen sich mit Problemen der Wissensrepräsentation oder der Wissensverarbeitung [Bart90] [Lang92] [Reus92]. Die dabei erzielten Teiloptima ergaben bezüglich der Anwendung der Diagnoseverfahren keine nennenswerten Verbesserungen [Birk93] [Fath92]. Deshalb soll in dieser Arbeit eine ganzheitliche Betrachtungsweise der wissensbasierten Diagnoseverfahren gewählt werden, bei der alle erforderlichen Schritte eines Diagnoseverfahrens, die Wissensakquisition, die Wissensrepräsentation und die Wissensverarbeitung, betrachtet werden. Entsprechend der in Kapitel 3 erarbeiteten Anforderungen ist daher zur Zielerreichung die Entwicklung von drei aufeinander abzustimmenden Verfahrensschritten erforderlich:

- Entwicklung eines Verfahrensschrittes zur Akquisition von Diagnosewissen, so daß eine direkte Wissenseingabe durch den Instandhaltungsexperten (ohne Wissensingenieur) und die Nutzung von diagnosespezifischen Daten (Faktenwissen) aus Instandhaltungsplanungs- und -steuerungssystemen (IPS-Systemen) möglich ist.
- Erarbeitung eines Verfahrensschrittes zur anlagenunabhängigen Repräsentation von technischem Diagnosewissen, das für den Instandhaltungsexperten verständlich ist.
- Entwicklung eines Verfahrensschrittes zur anlagenunabhängigen Verarbeitung von diagnoseobjektspezifischem Erfahrungswissen, welches die unterschiedlichen Vorgehensweisen und Diagnosestrategien der Instandhaltungsexperten berücksichtigt.

Um die einzelnen Verfahrensschritte des wissensbasierten Diagnoseverfahrens zu erarbeiten, ist aufgrund der Problemkomplexität bezüglich der Wissensakquisition, -repräsentation und -verarbeitung eine jeweils gesonderte Modellbildung erforderlich. Basierend auf den erarbeiteten Modellen zur Wissensakquisition, -repräsentation und -verarbeitung werden die jeweiligen Verfahrensschritte aufgebaut und beschrieben.

Mit der Zielerreichung ist die Erschließung einer Vielzahl von Rationalisierungs-potentialen in der Anwendung von wissensbasierten Diagnoseverfahren gekoppelt. So können erstmalig die Daten aus IPS-Systemen durch eine automatische Wis-sensakquisition zur wissensbasierten Diagnose herangezogen werden. Darüber hin-aus ist ein flexibler Einsatz des entwickelten Diagnoseverfahrens für unterschiedliche Diagnoseobjekte sowie eine erhebliche Senkung der Einsatzkosten gegenüber her-kömmlichen Diangoseverfahren möglich. Ein breiter Einsatz des Diagnoseverfahrens im Instandhaltungsbereich wäre die Folge. Das unternehmensspezifische Diagnose-wissen kann somit personenunabhängig gesichert und uneingeschränkt von Zeit und Ort vielen Mitarbeitern gleichzeitig zur Verfügung gestellt werden. Dies führt zu einer Reduzierung der störungsbedingten Stillstandszeiten der Produktionsmaschinen sowie zu einer Steigerung der Wirtschaftlichkeit des Fertigungs- und Instandhal-tungsbereiches.

Die Untersuchung des praktischen Einsatzes des zu entwickelnden Diagnose-verfahrens bildet den abschließenden Schritt dieser Arbeit. Anhand einer Pilotan-wendung wird der Nutzen des Verfahrens aufgezeigt, um so eine Verifizierung in der Praxis zu erhalten.

6. Modell zur reportbasierten Diagnose

Entsprechend den Erkenntnissen aus Kapitel 3 ist zur Entwicklung eines geeigneten Diagnoseverfahrens eine Modellierung der Verfahrensschritte Wissensakquisition, Wissensrepräsentation und Wissensverarbeitung auf Grundlage des technischen Diagnosewissens erforderlich. Dabei ist die Erarbeitung detaillierter Modelle für die Wissensrepräsentation und die Wissensverarbeitung unabdingbar. Die Vorgehensweise bei der Wissensakquisition hängt jedoch wesentlich vom verwendeten Wissensrepräsentationsmodell ab. Darüber hinaus wird das Modell zur Wissensakquisition von personellen Aspekten bezüglich der Instandhaltungsexperten beeinflußt. Daher ist eine detaillierte Modellierung eines allgemeingültigen Wissensakquisitionsverfahrens nicht möglich. Im folgenden werden die entsprechenden Modelle zur Wissensakquisition, Wissensrepräsentation und Wissensverarbeitung in den erforderlichen Detaillierungsgraden erarbeitet.

6.1 Modell der Wissensakquisition

Grundlage jedes Diagnoseverfahrens ist das Fach- und Erfahrungswissen der Instandhaltungsexperten, das während eines Diagnoseprozesses zum Einsatz kommt. Neben den Instandhaltungsexperten stellen die seit einigen Jahren im Instandhaltungsbereich, insbesondere zur administrativen Unterstützung der Ablauforganisation, eingesetzten Instandhaltungsplanungs- und -steuerungssysteme (IPS-Systeme) die wichtigste Wissensquelle dar. Sie stellen umfangreiche diagnoseobjektspezifische Daten zur Verfügung, die bisher nicht genutzt wurden.

Ziel der Wissensakquisition ist es, das Wissen und die Daten aller verfügbaren Wissens- und Datenquellen in die Wissensbasis (Senke) zu übertragen. Daher muß das zu erarbeitende Modell zur Wissensakquisition, unter Berücksichtigung der in Kapitel 3 gestellten Anforderungen, sowohl eine automatische Wissensakquisition der Daten aus IPS-Systemen, als auch eine direkte Wissensakquisition durch die Instandhaltungsexperten umfassen. Dabei sind aus Gründen der Wirtschaftlichkeit, vor der direkten Akquisition des Diagnosewissens der Instandhaltungsexperten, die in den IPS-Systemen vorliegenden Daten automatisch zu akquirieren.

Aufgrund der Unterschiede bzgl. Inhalt, Art und Format des Wissens der zu betrachtenden Wissens- und Datenquellen sind unterschiedliche Formen der Wissensübertragung erforderlich. Zu diesem Zweck soll die Übernahme des Diagnosewissens aus den IPS-Systemen bzw. der Instandhaltungsexperten mittels eines Wissensakquisitionsmoduls erfolgen, welches geeignete Schnittstellen, Funktionen und Komponenten (z.B. Dialogkomponente, Induktionskomponente, etc.) für eine umfassende Wissensübertragung bereitstellt.

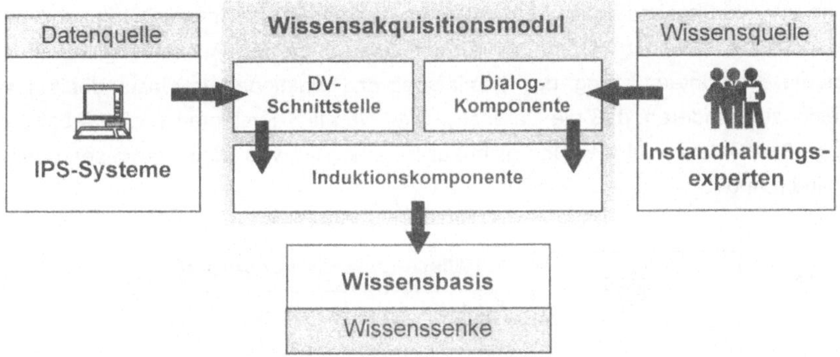

Abb. 6.1-1: Wissensakquisitionmodul

Im folgenden werden das Modell zur automatischen Akquisition des Diagnosewissens aus IPS-Daten über eine geeignete DV-Schnittstelle einerseits und das Modell zur direkten Wissensakquisition durch Instandhaltungsexperten über eine Dialogkomponente andererseits beschrieben.

6.1.1 Automatische Wissensakquisition aus IPS-Daten

In den IPS-Systemen im Instandhaltungsbereich werden unterschiedliche Daten mit Diagnosewissen verwaltet. Neben Anlagenstrukturdaten (Anlagenverwaltung) und anlagenbezogenen Daten über Ersatz- und Tauschteile (Materialwirtschaft) sind es insbesondere die dokumentierten, anlagenspezifischen Instandsetzungsaufträge (Anlagenhistorie), die Informationen zur Unterstützung der Diagnose im Störungsfall beinhalten. Heutige IPS-Systeme sind jedoch nicht in der Lage, diese verteilten Informationen für den Diagnoseprozeß bedarfsgerecht zu repräsentieren [Lang93]. Die für die Diagnose wichtigen baugruppenübergreifenden funktionalen Relationen können in IPS-Systemen nicht explizit dokumentiert und verarbeitet werden.

Beim Vergleich verschiedener in der Praxis eingesetzter IPS-Systeme fällt der Mangel an einem Mechanismus auf, der einer exakten Formulierung der Benutzereingaben, der Auftragsrückmeldung, dient [Lang93]. Dem Benutzer bleiben alle Freiheiten, eine bestimmte Störungssituation und Instandsetzung in ein Rückmeldetextfeld (Freitext) einzutragen. Dieser Freitext ist DV-technisch nicht auswertbar. Die vielfältigen Fehlerbilder einzelner Baugruppen und deren spezifische Merkmale können nur durch wenige definierte Begriffe (z.B. Stör-, Schadens- und Ursachencode) repräsentiert werden. Eine DV-gestützte Klassifikation der vielfältigen Störungssituationen zur störungsbedingten Fehlerdiagnose ist somit nicht möglich. Es fehlt der diagnostische Mittelbau. Grund hierfür ist zum einen die Ausrichtung der IPS-Systeme zur Unterstützung der administrativen Funktionen im Instandhaltungsbereich, zum anderen, daß die Datenstrukturen von IPS-Systemen zur Verarbeitung von großen Datenbeständen und nicht zur Verarbeitung von Diagnosewissen geeignet sind [Lang95].

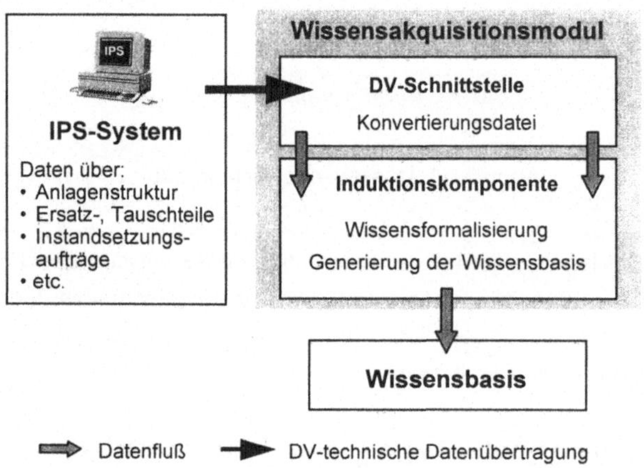

Abb. 6.1-2: Modell zur automatischen Wissensakquisition aus IPS-Daten

Da die Daten in den verschiedenen IPS-Systemen unterschiedlich verwaltet werden, ist eine direkte Übertragung der Daten in die Wissensbasis nicht möglich. Die für die Diagnose erforderlichen Daten müssen daher zunächst über eine DV-Schnittstelle zur weiteren Übertragung in die Wissensbasis bereitgestellt werden. Dazu werden die Daten von der Datenquelle, dem IPS-System, in eine Konvertierungsdatei geschrieben. Die Daten müssen dort in Form einer Referenztabelle abgespeichert und über vordefinierte Zugriffsschlüssel nach Art und Inhalt identifiziert werden. Diese eindeutig definierte Struktur der Konvertierungsdatei[40] bietet den Vorteil, daß die für die Diagnose erforderlichen Daten unabhängig vom Format der Daten im IPS-System einerseits und von der Wissensrepräsentation des Diagnoseverfahrens andererseits erfaßt werden können. Die solchermaßen bereitgestellten Daten können in die Datensenke, die Wissensbasis des reportbasierten Diagnoseverfahrens, übertragen werden. Zur Übertragung der Daten in die Wissensbasis ist eine Induktionskomponente[41] erforderlich. Die konvertierten Daten des IPS-Systems werden dabei in die interne Wissensrepräsentation des Diagnoseverfahrens überführt und in der Wissensbasis abgespeichert.

Eine wesentliche Ressource für die Wissensakquisition aus IPS-Systemen ist die Anlagenverwaltung. Aus wirtschaftlichen oder technischen Gesichtspunkten wird hier jedoch lediglich eine grobe Strukturierung der einzelnen Instandhaltungsobjekte vorgenommen, die für Diagnosezwecke nicht ausreichend detailliert ist. Die erforderliche Detaillierung der Anlagenstruktur ist daher im Diagnosesystem vorzunehmen. Die kleinsten disponierten Einheiten in einer Störungssituation stellen die anlagenspezifischen Ersatz- bzw. Tauschteile dar, die zur Unterstützung einer detaillierten Anlagenstrukturierung zusätzlich aus Ersatzteil-, Anlagenstücklisten der Materialstammdaten zu übernehmen sind. Die Folge ist eine Reduzierung des Strukturierungs- und Dateneingabeaufwandes bei der Wissensakquisition.

Datenbezeichnung:	Beispieldaten:	für Fehlerdiagnose:
Anlagen-Ident.-Nr.	081-7451	ja
Anlagen-Bezeichnung	Drehautomat	ja
Inventar-Nr.	052-07-167894	nein
Standort	Halle B/12	nein
Hersteller	Fa. Dreh GmbH	nein
übergeordnete Anlage	Fertigungszentrum	ja
untergeordnete Baugruppen	Hauptantriebe, . . .	ja
etc.	. . .	. . .

Abb. 6.1-3: Beispiel für Anlagenstammdaten in IPS-Systemen

---

[40] Eine Konvertierungsdatei, oder Transfer-Datei, muß eine eindeutig definierte Struktur besitzen [Kurb89]. Die Daten werden vom Quellsystem in die Konvertierungsdatei eingetragen, um anschließend von der Datensenke übernommen zu werden.

[41] Die Induktionskomponente dient zur automatischen Übenahme von Daten in die Wissensbasis. Die Daten werden entsprechend dem Wissensrepräsentationsmodell in das Datenformat der Wissensbasis überführt. Nicht notwendige Daten werden dabei durch den Induktionsprozeß eliminiert.

Datenbezeichnung:	Beispieldaten:	für Fehlerdiagnose:
Material-Ident.-Nr.	78254928537	ja
Material-Bezeichnung	Drehzahlgeber	ja
Ersatzteil-Ident.-Nr.	081-7-0063	ja
Lagerplatz-Nr.	07-147-2495	ja
Lagerort	Lager 07	ja
Lieferant	Fa. Dreh GmbH	nein
Einkaufspreis	DM 89,-	nein
etc.	. . .	. . .

Abb. 6.1-4: Beispiel für Materialstammdaten in IPS-Systemen

Für eine technische Diagnose sind neben der Anlagenstruktur insbesondere die im Störungszustand auftretenden, funktionalen Relationen zwischen den Anlagenbaugruppen wichtig [Stur90] [Iser94]. Diese werden in IPS-Systemen jedoch nicht abgebildet. Aufschluß darüber, welche funktionalen Relationen in früheren Störungssituationen aufgetreten sind, geben zum Teil die gespeicherten Instandsetzungsaufträge. Sie repräsentieren die Anlagenhistorie und machen, je nach Detaillierungsgrad der Dokumentation, ersichtlich, wann, von wem, welche Instandsetzungsmaßnahme an welcher Baugruppe der Anlage ausgeführt wurde. Aus dem Rückmeldetext, den verwendeten Ersatzteilen, dem Stör-, Schadens- und Ursachencode, können funktionale Relationen und Diagnosewissen abgeleitet werden. Somit bilden die Instandsetzungsaufträge neben den Anlagen-, den Ersatzteilstammdaten und der Anlagenstruktur, die wichtigste Ressource für die Wissenserfassung aus IPS-Systemen.

Datenbezeichnung:	Beispieldaten:	für Fehlerdiagnose:
Anlagen-Ident.-Nr.	081-7451	ja
Ausführungsdatum	2. Jan. 1995	ja
Rückmeldetext	Drehzahlgeber gewechselt	ja
Störcode	Stillstand	ja
Ursachencode	thermische Überlastung	ja
Schadenscode	Kurzschluß	ja
Ersatzteilbezeichnung	Drehzahlgeber	ja
Ersatzteil-Ident.-Nr.	081-7-0063	ja
etc.	. . .	. . .

Abb. 6.1-5: Beispiel für Auftragsrückmeldedaten in IPS-Systemen

Da die Auftragsrückmeldungen, die Schadens-, Stör- und Ursachencodes in IPS-Systemen nicht anlagen- bzw. baugruppenspezifisch verwaltet werden, steht keine ausreichende Datenbasis zur Verfügung, mit der eine zufriedenstellende Differenzierung von technischen Störungen möglich ist. Auswertungen von Anlagenhistorien ergaben, daß die Rückmeldetexte unterschiedliche Beschreibungen enthalten, obwohl gleiche Fehlerbilder und gleiche Störungsursachen vorlagen [Hofm93]. Hinzu kommt die unterschiedliche Ausdrucksgewohnheit der Benutzer und die oftmals mangelnde Motivation, z.T. verursacht durch eine unzureichende DV-technische Unterstützung, eine technische Störung detailliert zurückzumelden.

Die IPS-Daten stellen Basisdaten der Wissensbasis dar, die von einem Instandhaltungsexperten ergänzt werden müssen. Der Ergänzungsaufwand hängt dabei vom Datenumfang und der Datenqualität ab. Darüber hinaus besitzt das Wissensrepräsentationsmodell einen großen Einfluß auf den Beschreibungsaufwand. Ungeachtet der Tatsache, daß das aus IPS-Systemen automatisch akquirierte, diagnostische Wissen für eine vollständige Diagnose nicht ausreicht, trägt eine Übernahme des relevanten Diagnosewissens im Zuge der automatischen Wissensakquisition zu einer erheblichen Reduzierung des Wissensakquisitionsaufwandes bei.

6.1.2 Direkte Wissensakquisition durch die Instandhaltungsexperten

Neben der automatischen Wissensakquisition durch Datenübernahme aus IPS-Systemen, kann der Wissensakquisitionsaufwand durch eine direkte Wissenseingabe durch die Instandhaltungsexperten reduziert werden. Ein Wissensingenieur ist nicht erforderlich und die damit verbundenen Probleme bei der Wissensübertragung treten nicht auf. Voraussetzung für eine direkte Wissensakquisition durch die Instandhaltungsexperten ist ein einfaches Modell zur Wissensrepräsentation aus Expertensicht und eine praxisorientierte Möglichkeit zur Wissenseingabe [Steg94] [Pfei95]. Wesentlich ist, daß das Wissensrepräsentationsmodell den Denk- und Repräsentationsweisen des Diagnosewissens der Instandhaltungsexperten entspricht oder daß die Instandhaltungsexperten ihr Diagnosewissen einfach in das Wissensrepräsentationsmodell übertragen können.

Aufgrund der komplexen Produktionsanlagen mit mechanischen, elektrischen, elektronischen und hydraulischen Komponenten ist bei der Fehlerdiagnose ein erhebliches Fach- und Erfahrungswissen erforderlich, das von einem einzelnen Instandhaltungsexperten nicht beherrscht werden kann. Daher ist davon auszugehen, daß mehrere Experten bei der Wissensakquisition beteiligt sind. Hierzu gehören nicht nur die Ingenieure und Techniker der verschiedenen Fachdisziplinen, sondern insbesondere die Instandhaltungs- und Produktionsmitarbeiter sowie die Servicetechniker des Anlagenherstellers. Da sich die einzelnen Komponenten einer Produktionsmaschine gegenseitig beeinflussen, müssen die verschiedenen Fachexperten bei der Wissensakquisition in Form eines Expertenteams zusammenarbeiten. Darüber hinaus ist das in anlagenspezifischen Dokumentationen (z.B. Maschinenhandbuch) repräsentierte Wissen bei der Wissensakquisition heranzuziehen.

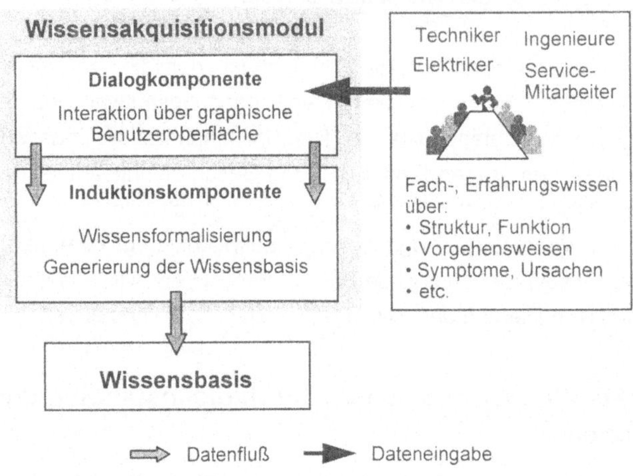

Abb. 6.1-6: Modell zur direkten Wissensakquisition durch ein Expertenteam

Zur direkten Wissensakquisition durch die Instandhaltungsexperten muß das Wissensakquisitionsmodul eine Dialogkomponente enthalten, die es dem Instandhaltungsexperten ermöglicht, sein diagnoseobjektbezogenes Wissen interaktiv über eine graphische Benutzeroberfläche in die Wissensbasis einzutragen. Voraussetzung für die Wissensakquisition durch ein Expertenteam ist jedoch ein detailliertes, der Sicht der Instandhaltungsexperten entsprechendes Wissensrepräsentationsmodell.

Für die Eingabe von Wissen propagiert Schönecker [Schö91] eine Unterstützung durch checklistenartige Zusammenstellungen von Beschreibungsmerkmalen. In der Praxis finden sich eine Reihe von Übersichten der im Bereich der Instandhaltung gebräuchlichen Begriffe, die den Mangel an eindeutiger Ausdrucksweise widerspiegeln. Offenbar synonyme Begriffe wie 'klappert', 'rattert', 'wackelt', finden keine eindeutige

Verwendung und bieten daher keine DV-technisch verarbeitbare Wissensbasis. Die Ausdrucksfreiheit bei der Beschreibung von technischen Störungen ist daher mit Hilfe von Referenzlisten[42] einzuschränken. Die Listen müssen die bereits bekannten Störungsmerkmale enthalten und dürfen, falls unvollständig, nur von autorisierten Instandhaltungsexperten ergänzt werden. Das Ergebnis ist dann ein für die Diagnose verwertbarer Datensatz. Das angestrebte Wissensakquisitionsverfahren muß dabei keine umfangreiche Syntax besitzen, sondern eine, die die endliche Zahl an Ursachen von technischen Störungen und deren Symptomen differenzieren kann.

Gleichzeitig muß die Dialogkomponente, insbesondere nach erfolgter automatischer Wissensakquisition aus IPS-Daten, die Präsentation des vorhandenen Wissens sicherstellen, um den Instandhaltungsexperten die Möglichkeit zur Überarbeitung und Ergänzung des Wissens zu geben. Durch Bereitstellung standardisierter Wissensbibliotheken (z.B. Verwendung von Standardwissenselementen, siehe Kap. 7.2.1) kann der Instandhaltungsexperte darüber hinaus bei der Eingabe der Daten unterstützt werden.

Im Gegensatz zur automatischen Wissensakquisition wird das über die Dialogkomponente erfaßte Diagnosewissen bereits bei der Erfassung vollständig in die interne Wissensrepräsentation der Wissensbasis überführt. Mit Hilfe der Induktionskomponente wird das Diagnosewissen für die Wissensverarbeitung in der Wissensbasis abgespeichert.

---

[42] Die VDI Richtlinien VDI 3822 „Grundlagen, Begriffe und Definitionen zur Schadensanalyse" sowie VDI 2510 „Fahrerlose Transportsysteme (FTS)" enthalten eine Vielzahl von Begriffen, die sich zur Beschreibung von Symptomen an technischen Systemen eignen.

6.2 Modell der Wissensrepräsentation

Die technische Funktionsfähigkeit einer Produktionsmaschine unterliegt vielfältigen Einflußfaktoren. Neben dem Maschinenbediener sind u.a. das Werkstück, die Werkzeuge, mechanische und elektrische Maschinenelemente, elektronische Steuerungselemente sowie Hilfs- und Betriebsstoffe involviert. Komplexe Fertigungsanlagen bestehen aus sich gegenseitig ergänzenden und bedingenden Systemen, die hauptsächlich den Bereichen Mechanik, Elektronik, Hydraulik und Pneumatik entstammen. Jedes dieser Systeme besitzt eigenständige Funktionen, deren Zusammenwirken im Funktionsablauf das Erreichen und die Qualität des Gesamtergebnisses bestimmen.

Aufgabe der Wissensrepräsentation ist es, die während einer technischen Störung auftretenden, unterschiedlichen Phänomene zu beschreiben und zur DV-gestützten Wissensverarbeitung zu repräsentieren. Dabei ist sowohl das deklarative, als auch das prozedurale Diagnosewissen zu berücksichtigen. Entsprechend den Erkenntnissen aus Kapitel 4.2 kann der Forderung nach einer universellen Wissensrepräsentation aus Sicht des Instandhaltungsexperten nur durch ein anlagenunabhängiges Repräsentationsmodell genüge geleistet werden. Um die Fülle an Informationen und Wissen zu bewältigen, ist daher ein Modell zur einheitlichen Beschreibung des Störungsverhaltens technischer Systeme erforderlich. Das Wissensrepräsentationsmodell ist somit nicht nur die Grundlage für eine anlagenunabhängige und prozedurable Wissensverarbeitung, sondern bestimmt in erheblichem Umfang den Aufwand der Wissensakquisition.

Zur Erarbeitung eines geeigneten Wissensrepräsentationsmodells werden im folgenden zuerst die Attribute zur Beschreibung von technischen Systemen unter diagnosespezifischen Gesichtspunkten erarbeitet. Darauf aufbauend werden die notwendigen Einzelmodelle zur Repräsentation der diagnosespezifischen Attribute beschrieben, die zusammen das Modell der Wissensrepräsentation darstellen.

6.2.1 Beschreibung technischer Systeme unter diagnose-spezifischen Gesichtspunkten

Technische Systeme (z.B. Produktionsmaschinen) sind existent durch ihre materielle Struktur und stehen durch ihre Funktionen in Beziehung zu ihrer Umwelt. Der Zweck eines Systems ist das Resultat seines Funktionsablaufes, der als Prozeß bezeichnet wird. Hierbei benötigt der Prozeß sowohl die Funktionen, als auch die ausführende

Systemstruktur [Ditt79] [Ropo75]. Technische Systeme[43] zeigen gegenüber ihrer Umgebung beschreibende Attribute auf. Hierzu gehören Verbindungen zwischen System und Umgebung, die als Ein- und Ausgangsgrößen bezeichnet werden. Darüber hinaus besitzt jedes technische System eine wie auch immer geartete **Struktur**[44], mindestens einen **Zustand,** eine **Funktion**[45] sowie **Relationen** zu anderen Systemen [Hubk73].

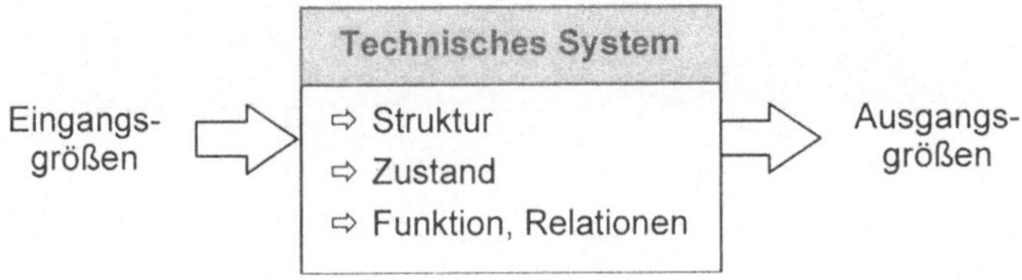

Abb. 6.2-1: Attribute eines technischen Systems

Eine Produktionsmaschine kann aufgrund ihrer Komplexität nicht als Ganzes erfaßt und beschrieben werden. Es ist erforderlich, das technische System Produktionsmaschine mit Hilfe von Systemgrenzen in einzelne Elemente und Subsysteme zu unterteilen (Black-Box-Methode[46]). Die Systemgrenzen sind hierbei in Abhängigkeit von

---

[43] System bedeutet: "Ein in sich geschlossenes und geordnetes Ganzes. Es ist eine Gesamtheit von Elementen und Untersystemen, zwischen denen Beziehungen bestehen oder hergestellt werden können" [Warn93]. Systeme bestehen aus einer Summe von geordneten Elementen oder Untersystemen, der Struktur des Systems. Die Elemente oder Untersysteme stehen untereinander in wechselseitiger Beziehung, d.h., die ablaufenden Funktionen werden durch Interaktion zwischen den Systemelementen dargestellt [Ditt79].

[44] Die Struktur eines technischen Systems stellt sich je nach Zweck der Betrachtung (prozeß-, funktionsorientiert, etc.) unterschiedlich dar.

[45] Die Werte zweier oder mehrerer Attribute können zueinander in Beziehung gesetzt werden. Die gebildete Beziehung zwischen den Attributen bezeichnet man als Funktion des betrachteten Systems. Eine Funktion kann sowohl eine mathematische als auch eine diskrete Zuordnung in einem Systemmodell darstellen. Beschreibt die Funktion die Beziehung zwischen dem Ein- und dem Ausgangsattribut eines Systems, so wird sie als Übergangsfunktion bezeichnet [Ropo75].

[46] Die "Black-Box-Methode" bietet die Möglichkeit unterschiedlicher Annäherungsstufen an ein unbekanntes System. Schrittweise kann vom 'Äußeren' auf immer tiefere Schichten eines Systems übergogangon wordon. Die Elemente eines Systems können als kleinste Systembestandteile, als ein weiteres System (Subsystem) auf einer niedrigeren Ebene aufgefaßt werden [Koll85] [VDI 2222].

der Zweckmäßigkeit für die technische Diagnose zu ziehen. Das Resultat ist eine Struktur, die in Form von Subsystemen dargestellt wird[47]. Die bestehenden Interaktionen zwischen den Subsystemen werden als Relationen bezeichnet [Ropo75] (vgl. Abb. 6.2-2). Die Unterteilung eines komplexen technischen Systems in Subsysteme führt dabei zu einer vereinfachten Darstellung.

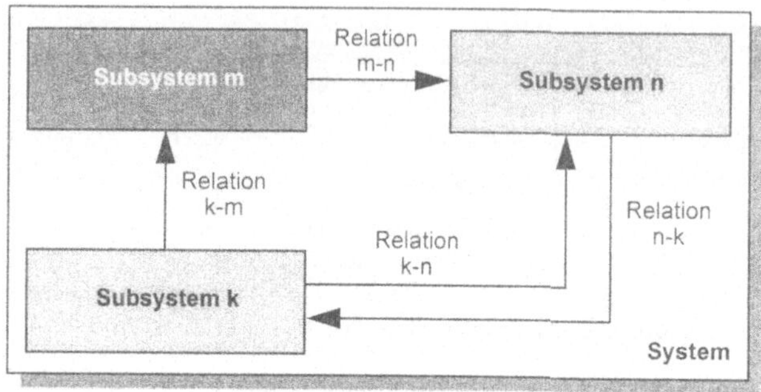

Abb. 6.2-2: Beispiel einer Systemstruktur und Relationen zwischen Subsystemen

Technische Systeme können sowohl statisch, komponentenorientiert als auch funktions-, ablauforientiert beschrieben werden [Held88]. Dabei kann die physische Struktur eines technischen Systems einfach erfaßt und abgebildet werden. Sie entspricht der Betrachtungsweise von Diagnoseobjekten durch den Instandhaltungsexperten und soll daher als Basis für das Wissensrepräsentationsmodell dienen.

Die Betrachtung des Funktionsablaufes (Prozeß) eines technischen Produktionssystems ergibt, daß neben den technischen Objekten, z.B. Baugruppen oder Werkzeugen, die Umgebungssysteme eine Rolle spielen. In erster Linie ist das der Mensch, der als Bediener, Einrichter oder Instandhalter mit dem technischen System in einer wechselseitigen Beziehung steht. Sie können, wie alle anderen Systemelemente auch, die Ursache einer technischen Störung des Systems sein. Daher ist eine Einbeziehung der Einflußfaktoren auf das technische System in das Repräsentationsmodell erforderlich. Sie stellen die obere Systemgrenze dar. Die unterste Systemgrenze wird in der physischen Struktur einer Produktionsmaschine aufgrund von produktionswirtschaftlichen Restriktionen durch die bei einer Störung auszutauschenden Ersatzteile / Tauschteile dargestellt.

---

[47] Ähnliche Strukturierungsansätze lassen sich in der Systemtheorie finden und sind u.a. in [Ropo75] [Hubk73] beschrieben.

Der Instandhaltungsexperte beurteilt eine aufgetretene Störungssituation anhand des von ihm beobachteten Zustands der einzelnen Subsysteme. Daher kommt bei der Beschreibung eines technischen Systems unter diagnosespezifischen Gesichtspunkten der Beschreibung des Zustands eine wesentliche Bedeutung zu. Dabei müssen auch Zustände, die mit der Zielsetzung des Systems nicht in direktem Zusammenhang stehen, Berücksichtigung finden. Diese nicht explizit konstruktiv realisierten Merkmale technischer Systeme können als Störeinflüsse auf ein weiteres Subsystem wirken. Zum Beispiel kann die Abwärme eines Motors die Funktionsfähigkeit eines ortsnahen Bauteils beeinträchtigen. Insbesondere diese unerwünschten Nebenwirkungen erschweren den Diagnoseprozeß, da das Erfahrungswissen über diese Nebenwirkungen erst mit zunehmender Nutzungszeit und steigender Anzahl an technischen Störungen wächst.

Da die Vorgehensweise der Instandhaltungsexperten bei der Fehlerdiagnose von technischen Systemen auf Funktionsprüfungen der verschiedenen Subsysteme basiert, besitzen neben den Zustandsbeschreibungen die Funktionen und die funktionalen Relationen eine große Bedeutung für die Diagnose von Störungsursachen. Technische Systeme zeigen ihre Fehlerbilder oftmals in einer starken Verflechtung von veränderten Relationen. Eine Vielzahl dieser Relationen treten jedoch erst im Zustand einer technischen Störung in Erscheinung. Das prozedurale Diagnosewissen soll daher durch die Beschreibung der störungsbedingten funktionalen Relationen repräsentiert werden.

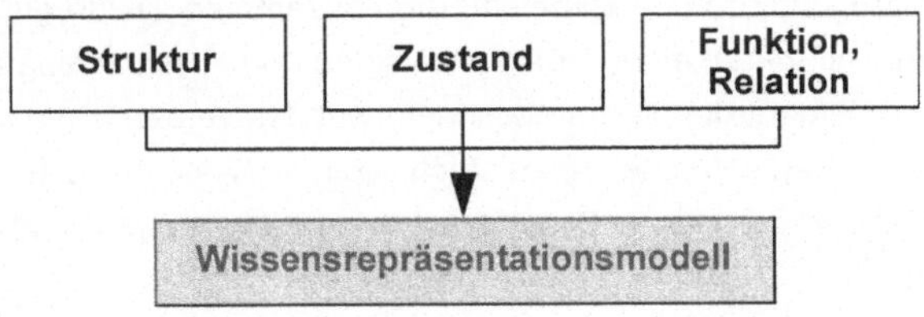

Abb. 6.2-3: Attribute des Wissensrepräsentationsmodells technischer Systeme

Auf die Betrachtung der Attribute Ein- und Ausgangsgrößen soll im folgenden verzichtet werden, da zur Repräsentation des Diagnosewissens, entsprechend den Anforderungen in Kapitel 3, kein tiefes Modell zum Einsatz kommen soll. Vielmehr soll entsprechend den Erkenntnissen aus Kapitel 4.2 ein flaches Modell zur Wissensrepräsentation erarbeitet werden, um den Aufwand der Wissensrepräsentation und -akquisition gering zu halten. Die Beschreibung des Diagnosewissens eines technischen Systems soll daher mit den Attributen **Struktur**, **Zustand**, **Funktion** und **Relation** erfolgen, vgl. Abb. 6.2-3.

Im folgenden wird sowohl für die Beschreibung der Systemstruktur und des Systemzustands, als auch für die Beschreibung der Funktion und der funktionalen Relationen ein Modell zur Wissensrepräsentation erarbeitet. Dabei müssen die gestellten Anforderungen, vor allem Einfachheit und Übersichtlichkeit der Wissensrepräsentation sowie Pflegbarkeit und DV-gestützte Verarbeitung des Diagnosewissens, beachtet werden. Dies gilt insbesondere unter Berücksichtigung der Komplexität heutiger Produktionsanlagen und dem damit verbundenen hohen Umfang an Diagnosewissen.

6.2.2 Modell zur Repräsentation der physischen Struktur technischer Systeme

Je nach Fachgebiet und Betrachtungsstufe werden technische Systeme als Apparat, Maschine, Gerät, Baugruppe, Maschinenelement, etc. bezeichnet. Ist eine Einteilung auf der oberen Betrachtungsebene durch die Hauptfunktion[48] des technischen Systems und der Unterscheidung zwischen Stoff-, Energie- oder Signalfluß[49] noch möglich [VDI 2221], so wird dies mit jeder tiefer liegenden Ebene schwieriger. Für eine allgemeine Beschreibung technischer Systeme ist eine Beschränkung der Begriffswelt, kompatibel zu dem oben dargestellten Systemansatz, notwendig. Daher soll in Anlehnung an [DIN 40150] im folgenden gelten: Eine Produktionsmaschine setzt sich aus **Baugruppen** und **Bauelementen** zusammen. Die Begriffe Baugruppe und Bauelement implizieren einen Komplexitätsgrad und sollen analog zu den Begriffen System und Element der Systemtheorie verwendet werden. Die Gesamtheit der Baugruppen und Bauelemente eines technischen Systems (z.B. Produktionsmaschine) wird durch die Menge **B** der zugehörigen Baugruppen und Bauelemente B_b beschrieben:

---

[48] Die Hauptfunktion, auch Gesamtfunktion genannt, beschreibt den Hauptzweck eines Produktes bzw. eines technischen Systems [VDI 2221].

[49] Zur Klärung der Begriffe wurden schon verschiedene Normungsbestrebungen unternommen, die jedoch zu keinem zufriedenstellenden Ergebnis führten, da sie sich in der Praxis nicht durchsetzen konnten [PaBe77].

Die Menge $\mathbf{B} = \{ B_b \mid b = 1,..., B \}$ bezeichne alle Baugruppen oder Bauelemente der betrachteten Produktionsmaschine.

$\mathbf{B}$ = Menge der Baugruppen[50] und Bauelemente

B_b = Einzelne Baugruppe oder Bauelement

B = Anzahl der Baugruppen und Bauelemente

b = Laufindex der Baugruppen und Bauelemente

Systeme mit einer stark ausgeprägten Regelstruktur, z.B. chemische Prozesse, lassen sich nicht in angemessener Weise hierarchisch beschreiben. Bei der Darstellung entstehen meist multiple Heterarchien oder Netze. Die physische Struktur einer Produktionsmaschine kann hingegen in einer strengen hierarchischen Ordnung abgebildet werden. Hierzu ist es jedoch erforderlich, daß mehrere physische Baugruppen zu einer neuen Baugruppe zusammengefaßt werden. Der Vorteil einer hierarchischen Anlagenstruktur ist die Reduzierung der Interaktionen von Baugruppen oder Bauelementen auf ein für die Diagnose notwendiges Minimum. Darüber hinaus bietet eine Hierarchie den Vorteil, daß bei der Pflege der Anlagenstruktur Änderungen lokal in einem einzigen Teilbaum durchgeführt werden können, ohne sonstige Teilstrukturen zu beeinflussen. Aufgrund der geringen Änderungshäufigkeit der physischen Anlagenstruktur kann diese als statisch bezeichnet werden und eignet sich daher als Basis für das Wissensrepräsentationsmodell. Die Zugehörigkeit einer Baugruppe und eines Bauelementes in der physischen Anlagenstruktur kann durch die folgende Abbildung beschrieben werden.

Die Abbildung AS definiert die Struktur der Baugruppen und Bauelemente:

$$\text{AS}: \mathbf{B} \rightarrow \mathbf{B} \cup \{ \varnothing \}^{51}$$
$$B_b \mapsto \text{AS}(B_b)$$

AS = Abbildung, die jeder Baugruppe bzw. jedem Bauelement eine übergeordnete Baugruppe zuweist

$\text{AS}(B_b)$ = übergeordnete Baugruppe der Baugruppe oder des Bauelementes B_b

---

[50] Bei den Baugruppen kann es sich um tatsächliche, physische Baugruppen oder um virtuelle Baugruppen handeln. Virtuelle Baugruppen repräsentieren eine beliebige Anzahl von physischen Baugruppen, die vom Instandhaltungsexperten zu einer virtuellen Baugruppe zusammengefaßt werden.

[51] Der Produktionsmaschine selbst wird keine übergeordnete Baugruppe zugeordnet, sondern aus formalen Gründen die leere Menge, d.h. $\varnothing$.

In den ersten Auflösungsebenen lassen sich Produktionsmaschinen in unterschiedliche Baugruppen aufteilen. Diese Aufteilung und die Bezeichnung der Baugruppen
wird von den Instandhaltungsexperten anhand der beobachtbaren Hauptfunktionen
vorgenommen [Pupp87], z.B. Antrieb, Steuerung und Maschinengestell[52]. Jede dieser Baugruppen liefert einen Ast der physischen Anlagenstruktur. Diese Äste sind für
die technische Diagnose entsprechend der angestrebten Betrachtungstiefe aufzulö-
sen.

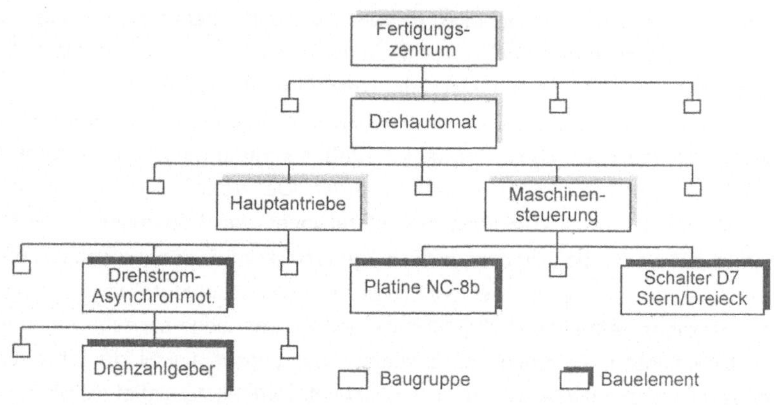

Abb. 6.2-4: Beispiel einer physischen Anlagenstruktur

Wird eine Baugruppe auf weitere Baugruppen und Bauelemente verfeinert, so wird
automatisch auch ein Teil der Fehleranfälligkeit auf die neuen Baugruppen und
Bauelemente übertragen und der ursprünglichen Baugruppe entzogen. Wird dieser
Vorgang konsequent mit dem Gesamtpotential an Fehleranfälligkeit fortgeführt, so
wird eine Vielzahl der Fehleranfälligkeiten auf die einzelnen Baugruppen und Bauelemente verteilt. Auf diese Weise entsteht der diagnostische Mittelbau. Die ur-
sprüngliche Baugruppe repräsentiert nun als Ast der physischen Anlagenstruktur die
Begrenzung der tieferen Baugruppen und Bauelemente, wird also zum Repräsentan-
ten der Systemgrenze. In der physischen Anlagenstruktur stellt die Bezeichnung dieser Baugruppen (z.B. Maschinensteuerung, Hauptantriebe) daher einen virtuellen
Ordnungsbegriff dar. Dieser Vorgang kann sich, bei Bedarf einer noch feineren Modellierung, auf der nächst tieferen Ebene beliebig häufig wiederholen. Die Detaillie-

---

[52] Bezüglich der Zuordnung von Funktionen zu Baugruppe und Bauelementen vgl. [DIN 44300] und
Kapitel 6.2.3.

rung von Produktionsanlagen in Baugruppen und Bauelemente ist jedoch für die Fehlerdiagnose nur bis auf die Ebene sinnvoll, auf der sich die im Falle einer technischen Störung geschlossen als Ersatz- oder Tauschteil disponierten Bauelemente befinden. Die Detaillierungstiefe hängt dabei von der anlagenspezifischen Instandhaltungsstrategie, den Ersatzteilkosten und dem zeitlichen Aufwand zum Austausch des Bauelements ab[53].

Diese differenzierte Strukturierung führt dazu, daß sich auf der untersten Ebene der physischen Anlagenstruktur Bauelemente mit definierbarer Fehleranfälligkeit befinden. Diesen Bauelementen können in der Regel quantitative Abnutzungsvorräte zugeordnet werden. Die Mehrzahl der Maßnahmen im Rahmen einer Instandsetzung werden an den jeweiligen Bauelementen der Anlagenstruktur durchgeführt. Alle diese Bauelemente haben Ersatzteil- oder Tauschteilcharakter und werden im Fall einer technischen Störung ausgewechselt oder instandgesetzt. Im Gegensatz zu den Bauelementen können den gebildeten Baugruppen oftmals keine quantitativen Abnutzungsvorräte zugeordnet werden. Um den für die Diagnose wichtigen diagnostischen Mittelbau zu erhalten, müssen die an den Baugruppen und Bauelementen beobachtbaren Zustände beschrieben werden.

6.2.3 Modell zur Repräsentation des Zustands technischer Systeme

Bei der störungsbedingten Fehlerdiagnose versucht der Instandhaltungsexperte aus der Beobachtung von Symptomen[54] auf eine oder mehrere verantwortliche Ursachen[55] zu schließen. Der Mensch verbindet mit dem Begriff Symptom implizit immer den Begriff der Abnormalität der entsprechenden Beobachtung [Pupp87]. Da dem

---

[53] So wird zum Beispiel bei einer technischen Störung eine defekte Steuerungsplatine der Maschinensteuerung vollständig ausgetauscht, obwohl nur ein einziges Bauelement der Steuerungsplatine defekt ist.

[54] In der Fehlerdiagnose sind Symptome im wesentlichen sogenannte pathologische Symptome, die eine Abweichung vom Sollverhalten einer Anlage beschreiben (z.B.: Nenndruck der Hydraulik wird nicht erreicht) [Gloc92].

[55] Eine Differenzierung in Symptom und Ursache macht deutlich, daß jede Ursache gleichzeitig Symptom für eine weitere, tiefere Ursache ist. Es ergibt sich eine Kette, bei der das Endglied, d.h. die tiefste Ursache, immer, selbst wenn es nicht explizit bestimmt werden kann, der Mensch oder eine Naturgewalt ist. Die Ursache einer gebrochenen Antriebswelle kann z.B. auf eine Fehlbedienung, einen Konstruktionsfehler oder einen Fertigungsfehler zurückgeführt werden.

Instandhaltungsmitarbeiter der Normalzustand aller Baugruppen und Bauelemente nicht vollständig bekannt ist, kann er einen "normalen" von einem "abnormalen" Zustand nicht immer unterscheiden. Zur Beschreibung des Zustands einer Produktionsmaschine wird daher der Begriff Merkmal verwendet. Der Begriff Symptom soll hingegen zur Beschreibung von konkreten Störungssituationen genutzt werden.

Der **Zustand** eines technischen Systems soll durch qualitativ oder quantitativ wahrnehmbare oder meßbare Merkmale beschrieben werden. Alle Merkmale, die an einem technischen System beobachtet oder gemessen werden können, werden durch die Menge **M** der zugehörigen Merkmale M_m beschrieben.

$$\mathbf{M} = \left\{ M_m \mid m = 1,..., M \right\}$$

$$
\begin{aligned}
\mathbf{M} \ &= \ \text{Menge der Merkmale} \\
M_m \ &= \ \text{einzelnes Merkmal} \\
M \ &= \ \text{Anzahl der Merkmale} \\
m \ &= \ \text{Laufindex der Merkmale}
\end{aligned}
$$

Die Entscheidungsqualität eines Diagnoseverfahrens hängt u.a. von der Richtigkeit und dem Informationsumfang der Zustandsbeschreibung ab. Sie ist dabei proportional zum Informationsumfang der Merkmale. Andererseits soll der Beschreibungsaufwand und damit der Aufwand zur Wissensakquisition und -repräsentation möglichst gering sein. Um eine detaillierte Beschreibung der unterschiedlichen Zustände bei geringem Informationsumfang zu erhalten, werden jedem Merkmal M_m mehrere mögliche Ausprägungen zugeordnet. Die Ausprägungen eines Merkmals werden durch die Menge **MA_m** der zugehörigen Merkmalsausprägungen $MA_{m,a}$ beschrieben.

$$\mathbf{MA_m} = \left\{ MA_{m,a} \mid a = 1,...,A_m \right\}$$

$$
\begin{aligned}
\mathbf{MA_m} \ &= \ \text{Menge der Ausprägungen des Merkmals } M_m \\
MA_{m,a} \ &= \ \text{einzelne Ausprägung des Merkmals } M_m \\
A_m \ &= \ \text{Anzahl der Ausprägungen des Merkmals } M_m \ [56] \\
a \ &= \ \text{Laufindex der Ausprägungen}
\end{aligned}
$$

---

[56] Bei Merkmalen mit kontinuierlicher Ausprägung (mehr als endlich viele Ausprägungen möglich) muß für die Indexmenge anstatt einer Teilmenge der natürlichen Zahlen eine Teilmenge der reellen Zahlen genommen werden.

Beispiele: M_1 = *Zustand der Werkstückspannvorrichtung;*

$MA_{1,1}$ = *locker,* $MA_{1,2}$ = *Spiel größer 0,2 mm,* $MA_{1,3}$ = *unrunder Lauf.*

M_2 = *Getriebelaufgeräusch;*

$MA_{2,1}$ = *leise,* $MA_{2,2}$ = *normal,* $MA_{2,3}$ = *laut,* $MA_{2,4}$ = *sehr laut.*

M_3 = *Prozeßdruck;*

$MA_{3,1}$ = *10 bar,* $MA_{3,2}$ = *25 bar,* $MA_{3,3}$ = *25 bar.*

Wie im Beispiel dargestellt, können die zustandsbeschreibenden Merkmale qualitativer oder quantitativer Natur sein. Qualitative Merkmale besitzen den Vorteil, daß sie über die menschlichen Sinnesorgane schnell erfaßt werden können. Nachteilig ist jedoch die Schwierigkeit einer DV-technischen Verarbeitung. Quantitative Merkmale können hingegen, wenn ein ausreichendes detailliertes Diagnosemodell zur Verfügung steht, DV-technisch gut verarbeitet werden. Von Nachteil ist hier die, durch die Anzahl der Sensoren eingeschränkte, Merkmalsanzahl und der hohe Aufwand zur Merkmalsgenerierung bzw. -erfassung (Sensortechnik). Da das Diagnoseverfahren, entsprechend den in Kapitel 3 dargestellten Anforderungen, im wesentlichen mit den vom diagnostizierenden Mitarbeiter erfaßten, qualitativen Merkmalen arbeiten soll, müssen zur DV-technischen Verarbeitung der qualitativen Merkmale numerische Werte genutzt werden. Bei einer Betrachtung der möglichen Informationsgehalte von Merkmalsausprägungen sind drei Skalierungsarten zu unterscheiden: die Nominalskala[57], die Ordinalskala[58] und die Kardinalskala[59] [Sach74].

Neben den unterschiedlichen Skalierungsarten für die Merkmalsausprägungen ist die Anzahl der möglichen Merkmalsausprägungen zu berücksichtigen. Eine Vielzahl der Merkmale können durch einen Merkmalstext und eine zweiwertige Ja/Nein-Ausprägung beschrieben werden. Bei diesen zweiwertigen Merkmalen besteht

---

[57] Nominalskala: zwischen den Merkmalsausprägungen sind keine Relationen bekannt. Hierbei handelt es sich um die Skala mit dem geringsten Informationsgehalt. Die verschiedenen Merkmalsausprägungen können lediglich voneinander unterschieden werden, $MA_{m,1} = MA_{m,1}$ bzw. $MA_{m,1} \neq MA_{m,2}$ (z.B.: Fehlersignal: AC-61, FC-121).

[58] Ordinalskala: die einzelnen Merkmalsausprägungen sind vollständig geordnet. Entscheidend ist dabei nicht der Wert der Ausprägung, sondern der Rang einer Ausprägung, bezogen auf eine anderen Ausprägungen des gleichen Merkmals, $MA_{m,1} < MA_{m,2}$ bzw. $MA_{m,2} > MA_{m,1}$ (z.B.: laut, sehr laut).

[59] Kardinalskala: zusätzlich zur Ordnung der Ausprägungen ist noch der Abstand D zweier Ausprägungen bekannt, $D = |MA_{m,1} - MA_{m,2}|$ (z.B.: Motordrehzahl: 0, 1000, 2500, 4500 Umdrehungen pro Minute). Der Abstand D wird hierbei mittels einer geeigneten Metrik definiert [Bron84], beispielsweise durch den Betrag der Differenz zwischen $MA_{m,1}$ und $MA_{m,2}$.

zwischen den Merkmalsausprägungen oftmals ein logischer Ausschluß, z.B.: „Eingangssignal liegt vor: Ja/Nein". Merkmale, deren Ausprägungen nach der Ordinal- oder Kardinalskala eingeteilt werden, besitzen oftmals mehrere Merkmalsausprägungen. Es handelt sich hierbei um mehrwertige Merkmale[60]. Da der logische Ausschluß bei zweiwertigen Merkmalen nicht zwingend besteht, sind diese wie mehrwertige Merkmale ohne logischen Ausschluß zu behandeln. Das bedeutet, daß die Merkmalsausprägung jeweils explizit anzugeben ist. Bezüglich der Merkmalsart wird daher zwischen den folgenden drei Arten unterschieden:

- **Mehrwertig-nominale Merkmale**. Die Merkmale können mehrere Ausprägungen besitzen, wobei zwischen den Ausprägungen keine Relationen bestehen. *Beispiel:* M_m = *NC-Fehlermeldungen;* $MA_{m,1}$ = *FC-121,* $MA_{m,2}$ = *AC-61,* $MA_{m,3}$ = *SC-14.*

- **Mehrwertig-ordinale Merkmale**. Auch diese Merkmale können mehrere Ausprägungen besitzen. Hierbei können die Ausprägungen aufgrund einer Rangfolge geordnet werden. *Beispiel:* M_m = *Abgasfarbe im Standgas;* $MA_{m,1}$ = *tief schwarz,* $MA_{m,2}$ = *grau,* $MA_{m,3}$ = *leicht grau,* $MA_{m,4}$ = *weiß.*

- **Mehrwertig-kardinale Merkmale**. Die Ausprägungen dieser Merkmale unterliegen einer vollständigen Ordnung, die durch eine quantifizierbare Distanz beschrieben wird. *Beispiel:* M_m = *Getriebeöltemperatur;* $MA_{m,1}$ = *0° Celsius,* $MA_{m,Am}$ = *100° Celsius".*

Bei der Diagnose einer technischen Störung ist die Detaillierung der Zustandsbetrachtung abhängig vom Aufgabenbereich des diagnostizierenden Mitarbeiters[61]. Ziel ist es, die fehlerbehaftete Baugruppe oder das Bauelement zu identifizieren und die Anlage instandzusetzen. Hierzu müssen die Zustände der einzelnen Baugruppen und Bauelemente betrachtet werden. Um den diagnostischen Mittelbau zwischen einem Merkmal auf der oberen Ebene der Baugruppen und der Störungsursache auf der unteren Ebene der physischen Anlagenstruktur zu erhalten, werden die an den Baugruppen und Bauelementen beobachtbaren Merkmale diesen zugeordnet.

---

[60] Bei mehrwertig-ordinalen und -kardinalen Merkmalen wird davon ausgegangen, daß die Merkmalsausprägungen entsprechend sortiert sind. Das heißt, 1 ist der Index der "kleinsten" Ausprägung und A_m ist der Index der "größten" Ausprägung.

[61] Aufgabe eines Instandhaltungsmitarbeiters ist es zum Beispiel, mit Hilfe des Diagnoseverfahrens die fehlerbehaftete Baugruppe (z.B. Steuerungsplatine) zu bestimmen und auszutauschen. Die Diagnose der eigentlichen Ursache (z.B. Bauelement der Steuerungsplatine) wird nach der Instandsetzung der Produktionsmaschine von einem Elektronikspezialisten vorgenommen.

Es gilt: jedes Merkmal M_m wird der Baugruppe oder dem Bauelement zugeordnet, an der oder dem es beobachtet oder gemessen werden kann.

$$Z: \mathbf{M} \rightarrow \mathbf{B}$$
$$M_m \mapsto Z(M_m) = B_b$$

Z = Abbildung, die ein Merkmal M_m der Baugruppe oder dem Bauelement B_b zuordnet, an der oder dem es beobachtet oder gemessen werden kann

$\mathbf{M}$ = Menge der Merkmale

$\mathbf{B}$ = Menge der Baugruppen und Bauelemente

M_m = einzelnes Merkmal

m = Laufindex der Merkmale

B_b = Einzelne Baugruppe oder Bauelement

b = Laufindex der Baugruppen und Bauelemente

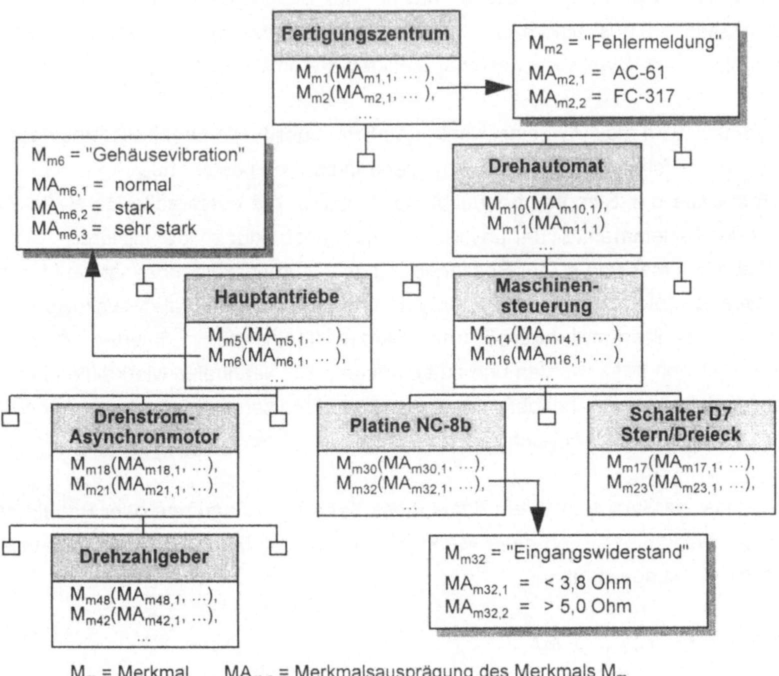

Abb. 6.2-5: Modelldarstellung: Merkmale und deren baugruppen-, bauelement-bezogene Zuordnung

Die Zuordnung der Merkmale zu den jeweiligen Baugruppen und Bauelementen der physischen Anlagenstruktur birgt zwei Vorteile. Zum einen entsteht durch die physische Struktur ein diagnostischer Mittelbau. Zum anderen besteht so die Möglichkeit, daß die Vielzahl der baugruppen- und bauelementspezifischen Merkmale von einem Instandhaltungsexperten einfach aufgebaut und gepflegt werden kann.

Mit Hilfe der definierten Merkmale und deren Merkmalsausprägungen ist es möglich, beliebige Zustände eines technischen Systems zu beschreiben. Betrachtet man jedoch eine konkret eingetretene Störungssituation, so sind weniger alle möglichen Merkmale und deren Ausprägungen von Interesse, als vielmehr die in der eingetretenen Störungssituation tatsächlich beobachteten Merkmale mit jeweils einer störungsspezifischen Merkmalsausprägung. Die Fähigkeit eines Diagnoseverfahrens hängt somit auch von der Richtigkeit und dem Informationsumfang der Zustandsbeschreibung einer technischen Störungssituationen ab. Die Basis der Zustandsbeschreibung bilden die definierten baugruppen- und bauelementspezifischen Merkmale und deren Ausprägungen. Daher wird bei der Beschreibung einer eingetretenen Störungssituation aus einem allgemeinen, zustandsbeschreibenden Merkmal ein Störungsmerkmal (Symptom) mit einer einzigen Merkmalsausprägung.

Ein Symptom wird als ein in einer konkreten Störungssituation beobachtetes oder mit technischen Hilfsmitteln gemessenes Tripel definiert. Es besteht aus:
1. **Ortsangabe** der Symptombeobachtung. Dazu ist die entsprechende Baugruppe oder das Bauelement B_b der physischen Anlagenstruktur zu identifizieren.
2. Angabe des **Merkmals**. Zur Beschreibung des Störungszustandes ist ein Merkmal M_m aus den baugruppen- oder bauelementbezogenen Merkmalen auszuwählen.
3. Angabe der **Merkmalsausprägung**. Hierzu ist eine der definierten Merkmalsausprägungen auszuwählen und zu bestätigen. Bei kardinalen Merkmalen besteht die Möglichkeit, eine beliebig gemessene Merkmalsausprägung $MA_{m,a}$ innerhalb des definierten Wertebereiches anzugeben.

Demnach ist ein Symptom S_s ein Tripel, bestehend aus Baugruppe oder Bauelement B_b, einem Merkmal M_m und einer Merkmalsausprägung $MA_{m,a}$, in einer konkret eingetretenen Störungssituation:

$$S_s = (B_b, M_m, MA_{m,a} \in \mathbf{MA_m})$$

Die Menge aller Symptome wird durch die Menge $\mathbf{S}$ der zugehörigen Symptome S_s beschrieben:

$$S = \{\, S_s \mid s = 1,...,S \,\}$$

S_s	=	einzelnes Symptom
B_b	=	einzelne Baugruppe oder Bauelement
M_m	=	einzelnes Merkmal
$MA_{m,a}$	=	Ausprägung des Merkmals M_m
MA_m	=	Menge der Ausprägungen des Merkmals M_m
S	=	Menge aller Symptome
S	=	Anzahl der Symptome
s	=	Laufindex der Symptome

Beispiel:

S_1 = (B_1 = *Fertigungszentrum, M_1 = Fehlermeldung, $MA_{1,3}$ = SC-14*).

S_2 = (B_2 = *Drehzahlgeber, M_2 = Ausgangssignal, $MA_{2,2}$ = fehlt*).

S_3 = (B_3 = *Hauptantrieb, M_3 = Drehzahl, $MA_{3,3}$ = 1400 $^1/_{min}$*).

Neben der Struktur technischer Systeme, repräsentiert durch die physische Anlagen-struktur, kann der Störungszustand durch Symptome, basierend auf den beschriebenen Merkmalen, repräsentiert werden. Im nächsten Kapitel soll ein Modell zur Repräsentation des dritten Attributs technischer Systeme, d.h. der Funktion und der funktionalen Relation, erarbeitet werden.

6.2.4 Modell zur Repräsentation funktionaler Relationen technischer Systeme

Die Definition einer Funktionseinheit[62] läßt Parallelen zu den in der statisch-physischen Systemstruktur beschriebenen Baugruppen erkennen. Die Richtigkeit der vorgenommenen Zuordnung von Funktionen zu Baugruppen, die die physischen Komponenten einer Maschine darstellen, wird hierdurch bestätigt. Wenn sich also Funktionen in die physische Anlagenhierarchie einlagern lassen, so muß entsprechend der Systemtheorie die Möglichkeit bestehen, einer Haupt- bzw. Gesamtfunk-

---

[62] Nach [DIN 44300] ist eine Funktionseinheit „ein nach Aufgabe oder Wirkung abgrenzbares Gebilde. Ein System von Funktionseinheiten kann in einem gegebenen Zusammenhang wiederum als Funktionseinheit aufgefaßt werden. Der Funktionseinheit können ein oder mehrere Baueinheiten entsprechen".

tion eine Reihe von Elementarfunktionen unterzuordnen[63]. Demnach besitzen physische Bauelemente eigenständige Funktionen, deren Zusammenwirken das Erreichen von globalen Funktionen weiterer Baugruppen, und letztlich der Gesamtfunktion, ermöglichen. Somit besteht die Möglichkeit, den Baugruppen und Bauelementen der physischen Anlagenstruktur **Funktionen** direkt zuzuordnen. Die Zuordnung von Funktionen zu Baugruppen oder Bauelementen erfolgt eineindeutig, d.h., jeder Baugruppe oder Bauelement wird genau eine Funktion zugeordnet und umgekehrt. Damit lassen sich Funktionen und Baugruppen oder Bauelemente identifizieren. Somit müssen Funktionen im Modell nicht extra aufgeführt werden.

Für die Diagnose von technischen Störungsursachen sind jedoch nicht nur die einzelnen Funktionen der Baugruppen und Bauelemente interessant, sondern insbesondere die funktionalen Abläufe zwischen den Baugruppen und Bauelementen, die den Zweck eines Systems darstellen. Dies ist darin begründet, daß sich ein aufgetretener Fehler in einem technischen System über die funktionalen Relationen fortpflanzt [Stur90]. Die Geschwindigkeit der Fehlerfortpflanzung reicht dabei von langsam bis schlagartig. Ein Fehler zeigt z.B. keine oder nur geringe Auswirkungen und bleibt dadurch unentdeckt. Im Laufe der Zeit entwickelt sich der Fehler zu einem Schaden. Es kommt zu einer Beeinträchtigung der Funktionen. Diese Beeinträchtigung wird weitere funktional verknüpfte Baugruppen und Bauelemente beeinflussen, die wiederum Symptome anzeigen. Beispiel: Verschmutzung des Getriebeöls durch Metallpartikel als Folge eines abrasiven Verschleißes an der Oberfläche der Zahnräder eines Getriebes. Die Verschmutzung bleibt lange unerkannt, gefährdet aber weitere Baugruppen und Bauelemente des Getriebes, etwa weitere Zahnräder und die Wälzlager. Daher kann ein Fehler Symptome an allen mit der fehlerbehafteten Baugruppe oder Bauelement in Interaktion, d.h. durch Relationen in Verbindung stehenden Baugruppen und Bauelementen bedingen. Im ungünstigsten Fall können sich Symptome über die gesamte Produktionsanlage verteilen.

---

[63] Dieser Vorgang entspricht dem Konstruktionsprozeß, bei dem nach der Formulierung der Gesamtfunktion (Zweck) die für deren Verwirklichung notwendigen Nebenfunktionen festgelegt werden [Koll85].

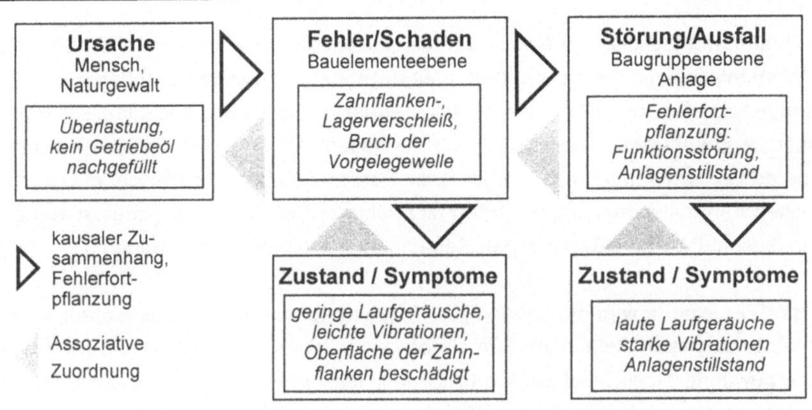

Abb. 6.2-6: Fehlerfortpflanzung in einem technischen System (Getriebe)

Die im Störungszustand auftretenden **funktionalen Relationen** müssen für die Diagnose erfaßt und abgebildet werden. Hierbei besteht das Problem, daß die funktionalen Relationen um ein vielfaches komplexer sind und nicht mit den physischen Relationen, repräsentiert durch die statisch-physische Anlagenstruktur, übereinstimmen. Es müssen bestehende funktionale Relationen zwischen Baugruppen und Bauelementen unterschiedlicher Äste der physischen Anlagenstruktur abgebildet werden. Beispiel: Für den Funktionsablauf *Vorschub eines Werkzeugschlittens* bestehen funktionale Relationen zwischen den Komponenten Antriebsmotor, Maschinensteuerung, Stromversorgung, diversen Endschaltern etc.. Darüber hinaus existieren neben den konstruktiv explizit realisierten, funktionalen Relationen auch implizite funktionale Relationen, die erst während der Nutzungszeit erkannt werden. Eine Vielzahl dieser funktionalen Relationen treten erst im Zustand einer technischen Störung in Erscheinung. Bei der Repräsentation der funktionalen Relationen entsteht daher ein Netz mit multiplen funktionalen Relationen, welches nicht in der physischen Anlagenstruktur repräsentiert werden kann[64].

---

[64] Zur Repräsentation der funktionalen Relationen in der physischen Anlagenstruktur ist eine Vielzahl von theoretischen Hilfsrelationen erforderlich. Diese müssen entlang der definierten physischen Relationen über die erste gemeinsame Baugruppe geführt werden, um so die abzubildende funktionale Relation zu repräsentieren. Die Folge ist ein hoher Beschreibungs- und Pflegeaufwand, der für eine Wissensrepräsentation aus Sicht der Instandhaltungsexperten nicht vertretbar ist, vgl. [Hofm93].

Der Umfang an technischen Daten, d.h. die Anzahl der zu erfassenden Größen pro Funktionsrelation, die mit dem Auftreten einer Störung relevante Veränderungen anzeigen, ist aus Gründen des Wissensakquisitionsaufwandes und der Komplexität der Wissensrepräsentation möglichst gering zu halten. Darüber hinaus soll, entsprechend den Anforderungen aus Kapitel 3, die Beschreibung von technischem Diagnosewissen den Instandhaltungsexperten nicht überfordern und muß losgelöst von einer in diesem Bereich differenzierten Betrachtung geleistet werden können.

Um das Ziel einer anlagenunabhängigen Wissensrepräsentation zu erreichen, müssen die funktionalen Relationen formalisiert abgebildet werden können. Eine in der Praxis bewährte Möglichkeit zur formalisierten Beschreibung von Funktionsabläufen technischer Systeme bietet die Konstruktionswissenschaft[65] [Koll85] [Roth82] [Rode70] u.v.a.m.. Aufgrund der Vielzahl funktionaler Relationen innerhalb technischer Systeme entsteht jedoch ein hoher Beschreibungsaufwand. Daher wird bei der Konstruktion von Produktionsmaschinen auf eine vollständige Darstellung aller Funktionsabläufe verzichtet und es werden standardisierte Maschinenelemente (z.B.: Getriebe, Elektromotoren) eingesetzt, deren Funktionalität nicht explizit beschrieben werden muß [Roth82]. Somit wird die Repräsentation funktionaler Relationen, basierend auf den Grundfunktionen der Konstruktionswissenschaft, den gestellten Anforderungen nicht gerecht.

Im Gegensatz zur technischen Überwachung ist bei der störungsbedingten Diagnose eine detaillierte quantitative und analytische Beschreibung nicht zwingend erforderlich[66]. Vielmehr können die Instandhaltungsexperten mit subjektiven, qualitativen Symptomen und unter Berücksichtigung der in einer Störungssituation auftretenden funktionalen Relationen sichere Diagnosen durchführen [Früc88]. Für ein Diagnoseverfahren, bei dem der diagnostizierende Mitarbeiter eine Vielzahl der Symptome

---

[65] Hierbei werden die vielseitigen Funktionsabläufe in technischen Anlagen klassifiziert und durch definierte Grundfunktionen beschrieben. Dabei stehen vier Erkenntnisse im Mittelpunkt [Koll85], [Tünt90], [Roth82]: 1. Es existieren in technischen Systemen nur Energie-, Materie- oder Informationsflüsse. 2. Es werden nur Eigenschaften und Zustände von Energien, Materien und Informationen sowie deren Flüsse verändert. 3. Die Vorgänge lassen sich auf eine endliche Zahl von physikalischen, chemischen, biologischen, mathematischen und logischen Grundfunktionen zurückführen. 4. Die Grundfunktionen lassen sich durch physikalische, biologische und chemische Effekte realisieren.

[66] Nach Früchtenich '.., kann man bereits mit einer qualitativen, deshalb weniger komplexen Beschreibung die richtigen Diagnoseergebnisse erzielen' [Früc88].

durch seine Sinnesorgane erfaßt, muß eine einfache Angabe der in einer Störungssituation auftretenden funktionalen Relationen ausreichen.

Für den Instandhaltungsexperten ist die Kenntnis über bestehende funktionale Relationen in einer Störungssituation von großer Bedeutung für den Diagnoseprozeß. Die explizite Beschreibung der funktionalen Relation ist zur Diagnose jedoch nicht erforderlich. Vielmehr reicht eine Angabe über das Vorhandensein der funktionalen Relation zur Diagnose aus. Daher sollen die in einer Störungssituation zu beobachtenden funktionalen Relationen nicht explizit beschrieben werden. Eine implizite Repräsentation der funktionalen Relationen kann durch eine Verknüpfung der den Störungszustand eines technischen Systems beschreibenden Symptome erfolgen. Da die in einer konkreten Störungssituation beobachtbaren Symptome, bestehend aus Merkmalen und deren störungsspezifischen Merkmalsausprägungen, den jeweiligen Baugruppen oder Bauelementen der physischen Anlagenstruktur zugeordnet werden, können alle konstruktiven und nicht explizit konstruktiven funktionalen Relationen durch Verknüpfung der Symptome abgebildet werden. Dies bedeutet, daß sich die Repräsentation der funktionalen Relationen in der **Verknüpfung von Symptomen** unterschiedlicher Baugruppen und Bauelemente widerspiegelt. Das heißt, eine technische Störungssituation repräsentiert sich durch mehrere zustandsbeschreibende Symptome (diagnostischer Mittelbau), die in der aktuellen Störungssituation in ihrer Abfolge durch funktionale Relationen miteinander verknüpft sind. Bei der Diagnose einer Störungsursache werden die zustandsbeschreibenden Symptome vom Instandhaltungsexperten in Abhängigkeit von seiner Vorgehensweise beobachtet und durch die funktionalen Relationen miteinander verknüpft. Die Vorgehensweise des Instandhaltungsexperten kann daher durch die chronologische Abfolge der beobachteten Symptome und deren funktionalen Verknüpfungen repräsentiert werden (prozedurales Diagnosewissen). Somit repräsentiert sich eine technische Störung in einer endlichen Anzahl von baugruppen- oder bauelementbezogenen Symptomen und deren funktionalen Relationen in ihrer chronologischen[67] Verknüpfungen untereinander. Hierbei können die einzelnen Symptome je nach Störungssituation unterschiedliche funktionale Relationen besitzen und in unterschiedlichen chronologischen Abfolgen auftreten. Die Auflistung der chronologischen Abfolge von funktional verknüpften Symptomen innerhalb einer Störungssituation soll als **Diagnosereport** bezeichnet werden.

---

[67] Der exakte Zeitpunkt der Beobachtung der Symptome ist nicht relvant. Wichtig ist die zeitliche Reihenfolge der Beobachtung der Symptome.

Ein Diagnosereport $DR_r = (SM_r, ST_r, t_r)$ ist eine vollständig geordnete endliche Teilmenge von Symptomen S_s und besteht aus:

- einer Menge SM_r von beobachteten Symptomen, $SM_r \subset S$
- einer Struktur ST_r über diesen beobachteten Symptomen: mittels der Abbildung ST_r wird jedem Symptom (außer einem) ein verursachendes Symptom entsprechend der Vorgehensweise des Instandhaltungsexperten zugeordnet

$$ST_r: \quad SM_r \rightarrow SM_r \cup \{ \varnothing \}$$
$$S_s \quad \mapsto ST_r(S_s)$$

  Das letzte Symptom dieser Kette von Symptomen ST_r heißt

  Ursache $(U_u := ST_r^{-1}(\varnothing))$[68] .

- und einem Zeitpunkt t_r der Beobachtung[69] .

DR bezeichnet die Menge aller Diagnosereporte: $\quad DR = \{ DR_r \mid r = 1, ..., R \}$

DR	=	Menge aller Diagnosereporte
DR_r	=	einzelner Diagnosereport
R	=	Anzahl der Diagnosereporte
r	=	Laufindex der Diagnosereporte
SM_r	=	Menge der beobachteten Symptome eines Diagnosereports
ST_r	=	Struktur über die Symptome SM_r eines Diagnosereports
S	=	Menge aller Symptome
S_s	=	einzelnes Symptom
t_r	=	Zeitpunkt der Beobachtung des Diagnosereports
U_u	=	Ursache innerhalb des Diagnosereports

Der Diagnosereport DR_r repräsentiert somit die während einer Störung beobachteten funktionalen Relationen und die chronologische Reihenfolge der Symptombeobachtungen durch den Instandhaltungsexperten. Darüber hinaus repräsentiert der Diagnosereport durch die Angabe der Symptome selbst eine exakte Beschreibung des Störungszustands zum Zeitpunkt t_r der Diagnose. Daher stellt der Diagnosereport neben der physischen Anlagenstruktur das wesentliche Element des Wissensrepräsentationsmodells dar.

---

[68] ST_r^{-1} bezeichnet die inverse Abbildung.

[69] Es sei ein geeignetes Zeitsystem definiert mit einer Metrik, die den Abstand zwischen zwei Zeitpunkten mißt [Bron84].

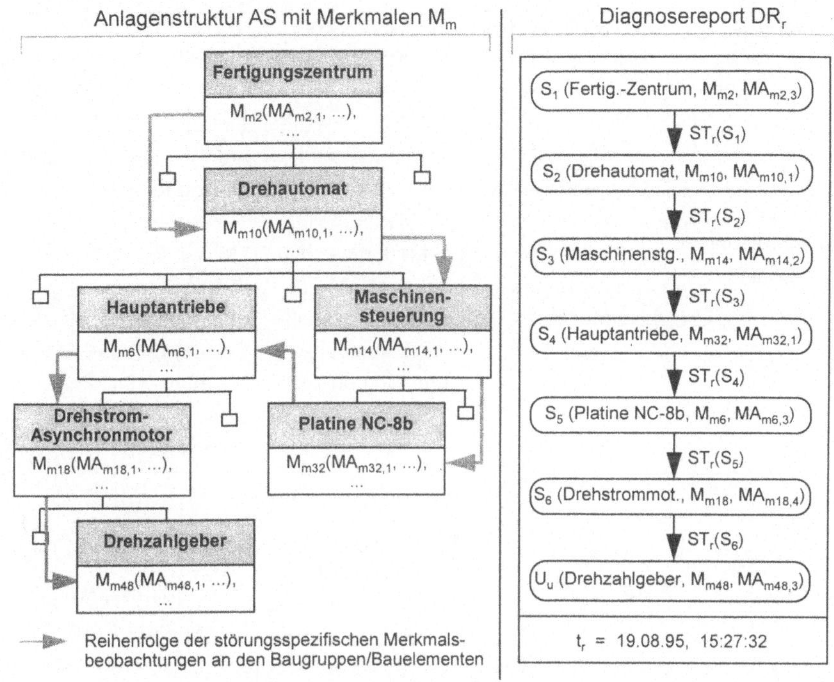

Abb. 6.2-7: Diagnosereport und graphische Darstellung der funktionalen Relationen

Nachdem für die verschiedenen Attribute eines technischen Systems die entsprechenden Wissensrepräsentationsmodelle vorgestellt wurden, soll zusammenfassend das Gesamtmodell der Wissensrepräsentation dargestellt werden.

6.2.5 Gesamtmodell der Wissensrepräsentation

Das Gesamtmodell zur Repräsentation des deklarativen und des prozeduralen Diagnosewissens der Instandhaltungsexperten setzt sich aus den folgenden drei Einzelmodellen zusammen:

1. der physischen Anlagenstruktur (Baugruppen- und Bauelementhierarchie) zur Repräsentation der Struktur technischer Systeme,

2. der Merkmale und Symptome sowie deren baugruppen- oder bauelementspezifischen Zuordnung zur Repräsentation des Zustands technischer Systeme,

3. der chronologischen Verknüpfung von Symptomen und deren Zusammenfassung zu einem störungsspezifischen Diagnosereport zur impliziten Repräsentation funktionaler Relationen.

Form der Modellbeschreibung	Struktur technischer Systeme	Zustand technischer Systeme	Funktion und funktionale Relationen technischer Systeme
inhaltliche Beschreibung der Modelle	Die physische Anlagenstruktur AS wird durch Baugruppen und Bauelemente B_b in einer Hierarchie repräsentiert.	Baugruppen- und bauelementspezifische Merkmale M_m und Merkmalsausprägungen $MA_{m,a}$; die störungsspezifische Zustandsbeschreibung erfolgt durch Symptome S_s.	Eindeutige Funktionszuordnung zu Baugruppen und Bauelementen; Verknüpfung von Symptomen S_s, repräsentiert in einer Struktur ST_r über die beobachtete Symptommenge $\mathbf{SM}_r$, Zusammenfassung in einem störungsspezif. Diagnosereport DR_r
mathematische Modellbeschreibung	$\mathbf{B} = \{B_b \mid b = 1,...,B\}$ $AS\!:\!\mathbf{B} \to \mathbf{B} \cup \{\varnothing\}$ $B_b \mapsto AS(B_b)$	$\mathbf{M} = \{M_m \mid m = 1,...,M\}$ $\mathbf{MA}_m = \{MA_{m,a} \mid a = 1,..,A\}$ $Z\!:\!\mathbf{M} \to \mathbf{B}$ $M_m \mapsto Z(M_m) = B_b$ $S_s = (B_b, M_m, MA_{m,a})$ $\mathbf{S} = \{S_s \mid s = 1,...,S\}$	$DR_r = (\mathbf{SM}_r, ST_r, t_r)$ $\mathbf{DR} = \{DR_r \mid r = 1,...,R\}$ $ST_r\!:\!\mathbf{SM}_r \to \mathbf{SM}_r \cup \{\varnothing\}$ $S_s \mapsto ST_r(S_s)$
graphische Modelldarstellung	$\square$ =Baugruppe ∇=Bauelement	$M_m = \otimes$; $MA_{m,a1} = \clubsuit$; $MA_{m,a2} = \spadesuit$; $MA_{m,a3} = \heartsuit$; $S_{s1} = (\square, \otimes, \clubsuit)$ $S_{s2} = (\nabla, \otimes, \heartsuit)$	Diagnosereport $S_{s1} = (\square, \otimes, \clubsuit)$ $S_{s2} = (\nabla, \otimes, \heartsuit)$ $S_{s3} = (\square, \otimes, \spadesuit)$ $S_{s4} = (\nabla, \otimes, \clubsuit)$

Abb. 6.2-8: Darstellungen der Einzelmodelle zur Wissensrepräsentation

Durch die drei Einzelmodelle zur Repräsentation der Struktur, des Zustands und der funktionalen Relationen werden die in Kapitel 3 beschriebenen Anforderungen an das Wissensrepräsentationsmodell erfüllt. Insbesondere die implizite Repräsentation funktionaler Relationen in einem Diagnosereport trägt zu einer Reduzierung des Wissensakquisitions- und -repräsentationsaufwandes bei. Die hierarchische Anlagenstruktur und die baugruppen-, bauelementbezogene Zuordnung der Merkmale machen die Wissensrepräsentation für den Instandhaltungsexperten verständlich und ermöglichen eine einfache Pflege. Aufbauend auf dem Gesamtmodell der Wissensrepräsentation ist im folgenden ein Modell zu Verarbeitung des Diagnosewissens zu erarbeiten.

6.3 Modell der Wissensverarbeitung

Die Wissensverarbeitung, auch als Inferenz bezeichnet, soll das in der Wissensbasis gespeicherte Diagnosewissen derart verarbeiten, daß das Problemlösungsverhalten der Instandhaltungsexperten während der Diagnose nachempfunden werden kann. Entsprechend dem Wissensrepräsentationsmodell soll die Wissensverarbeitung auf Grundlage von früheren, ähnlich gelagerten Störungssituationen erfolgen, die in den Diagnosereporten dokumentiert sind. Dieser Ansatz trägt damit der Tatsache Rechnung, daß Menschen bei der Problemlösung in Beispielen denken. Instandhaltungsexperten erinnern sich bei der Bewältigung eines Diagnoseproblems an vergleichbare frühere Diagnosesituationen und versuchen, bekannte Lösungen zur Ursachenermittlung der neuen Diagnosesituation einzusetzen [Barl91]. Das hierzu erforderliche Erfahrungswissen der Instandhaltungsexperten soll dabei ohne aufwendigen Beschreibungsaufwand zur Diagnose genutzt werden.

In der Praxis ist damit zu rechnen, daß die Dokumentation eines Diagnosereports unterschiedlich ist. Teilweise können die Diagnosereporte eine unvollständige Beschreibung der Störungssituation oder nicht relevante Symptome enthalten. Zur Wissensverarbeitung steht dann keine vollständige Dokumentation der Störungssituation zur Verfügung. Darüber hinaus sind die unterschiedlichen Diagnosestrategien sowie die Erfahrungsregel (Heuristik) und das Verhalten des Instandhaltungsexperten bei der Erarbeitung eines geeigneten Wissensverarbeitungsmodells zu berücksichtigen.

Das Grundprinzip der menschlichen Lösungsadaption gleicht der fallbasierten Wissensverarbeitung [Kolo93]. Ausgehend von einer aktuellen Störungssituation mit unbekanntem Lösungsweg und unbekannter Störungsursache wird beim fallbasierten Problemlösen die aktuelle Störungsursache durch die Übertragung eines bekannten Lösungsweges und der bekannten Störungsursache ermittelt, vgl. Abb. 6.3-1. Die Übertragung ist dabei umso einfacher, je ähnlicher die aktuelle Störungssituation einer bereits bekannten Störungssituation ist. Eine Übertragung durch Anpassung des Lösungsweges wird als analoge Inferenz, bzw. als Lernen durch Analogie bezeichnet [Slad91]. Die analoge Inferenz erfordert jedoch Wissen über die Grenzen der Analogie, sogenanntes Hintergrundwissen. Dieses Wissen ist schwierig zu akquirieren und zu repräsentieren. Eine andere Möglichkeit zur Übertragung von bekannten Lösungswegen auf neue Störungssituationen ist der auf Ähnlichkeiten basierende Vergleich [Ries89]. Da hierbei kein zusätzliches Hintergrundwissen erforderlich ist, soll im folgenden dieser Lösungsansatz verfolgt werden.

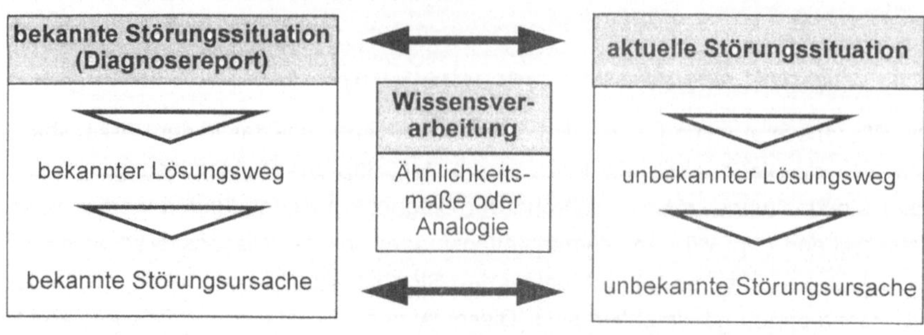

Abb. 6.3-1: Schema der fallbasierten Wissensverarbeitung

6.3.1 Ähnlichkeitsbasierter Ansatz der Wissensverarbeitung

Ein auf einer noch zu definierenden Ähnlichkeit zwischen bereits bekannten und einer bisher unbekannten Störungssituation basierender Ansatz zur Wissensverarbeitung ermöglicht eine Entscheidung, ob in der aktuellen Störungssituation ähnlich verfahren werden kann, wie in einer bestimmten früheren Störungssituation. D.h., es kann entschieden werden, ob die aktuell vorliegende Störungssituation zu einer bestimmten Gruppe von bereits bekannten Störungssituationen gehört oder nicht.

Um die geforderte Prozedurabilität der Wissensverarbeitung zu erhalten, muß ein Ähnlichkeitsbegriff definiert werden, der in Form von numerischen Bewertungsfunktionen dargestellt werden kann. Der ähnlichkeitsbasierte Vergleich zwischen bekannten Störungssituationen, repräsentiert in Form von Diagnosereporten, und der aktuellen technischen Störungssituation, kann aufgrund von Ähnlichkeits- oder Distanzmaßen erfolgen [Weß91]. Dabei beschreibt ein Distanzmaß den "Abstand" zwischen zwei Störungssituationen. Je geringer der ermittelte Abstand zwischen den betrachteten Störungssituationen ist, desto ähnlicher sind die beiden Störungssituationen. Da zur Klassifikation von Störungssituationen eine Vielzahl der im Diagnosereport angegebenen Symptome herangezogen wird und unterschiedliche Merkmalsarten berücksichtigt werden müssen, handelt es sich um einen nicht a priori metrischen Raum[70]. Distanzmaße in einem nicht metrischen Raum besitzen den Nachteil, daß der entstehende Wertebereich nicht eingeschränkt werden kann. Zwei

---

[70] Zur Definition eines metrischen Raumes siehe Bronstein [Bron84].

Symptome können daher einen beliebig großen Abstand voneinander besitzen [Bron84]. Dies erschwert die numerische Verarbeitung.

Ähnlichkeitsmaße besitzen hingegen den Vorteil, daß diese auf ein festes Intervall beschränkt werden können. Daher werden im folgenden Ähnlichkeitsmaße definiert, die auf das Intervall [0, 1] normiert werden. Zwei Störungssituationen sind sich dann umso ähnlicher, je näher der berechnete Ähnlichkeitswert bei 1 liegt. Durch geeignete Bewertungsfunktionen soll die Ähnlichkeit zwischen einer Störungssituation und den bekannten Diagnosereporten auf einen numerischen Wert zwischen Null und Eins reduziert werden. Hierbei induziert die Ordnungseigenschaft der reellen Zahlen eine Ordnung innerhalb der betrachteten Diagnosereporte.

Der Instandhaltungsexperte berücksichtigt bei der Diagnose von Störungsursachen eine Vielzahl von Zusatzinformationen. Diese sind z.B. die Häufigkeit, mit der bestimmte Symptome auftreten sowie Ursachen- und Ausfallhäufigkeiten. Zusatzinformationen dieser Art führen zu einer differenzierten Betrachtung und Bewertung der während einer Störung beobachteten Symptome. Bei der Berechnung von Ähnlichkeitsmaßen sind diese Informationen entsprechend zu berücksichtigen, wenn das Problemlösungsverhalten eines Instandhaltungsexperten während der Diagnose nachempfunden werden soll. Daher darf es sich bei der Berechnung der Ähnlichkeit zwischen einer Störungssituation und den bekannten Diagnosereporten nicht um a priori definierte Ähnlichkeitsmaße handeln. Vielmehr muß die Berechnungsfunktion eine Adaption der Ähnlichkeitsmaße ermöglichen. Die Adaption muß dabei von den Zusatzinformationen bestimmt und vom Benutzer beeinflußbar sein.

6.3.2 Ähnlichkeiten von Merkmalsausprägungen

Da der Normalzustand einer Anlage nicht immer bekannt ist, kann ein im Diagnosereport dokumentiertes Symptom nicht eindeutig einem normalen oder abnormalen Anlagenzustand zugeordnet werden. Obwohl der Mensch mit dem Begriff Symptom implizit eine Abweichung des Normalzustands einer Anlage verbindet, ist auch die Angabe eines sogenannten Nicht-Symptoms[71] in einem Diagnosereport nützlich. Die Angabe eines den Normalzustand beschreibenden Symptoms kann in einer aktuellen Störungssituation dazu führen, daß eine Vielzahl von bekannten Störungsursachen ausgeschlossen werden kann. Daher ist eine Unterscheidung zwischen Symp-

---

[71] Nicht Symptome beschreiben im Gegensatz zu pathologischen Symptomen den Normalzustand einer Anlage. Sie weisen damit nicht auf eine Störung hin [Pupp87].

tomen, die einen normalen bzw. abnormalen Anlagenzustand beschreiben, nicht sinnvoll. Um den Aufwand zur Wissensverarbeitung gering zu halten, sind jedoch nur diejenigen Symptome bei der Wissensverarbeitung zu berücksichtigen, die vom diagnostizierenden Mitarbeiter explizit überprüft wurden. Nicht überprüfte Symptome sollen in den Entscheidungsprozeß nicht einfließen.

Ein Symptom ist entsprechend Kapitel 6.2.3 ein beobachtetes oder mit technischen Hilfsmitteln gemessenes Tripel, das aus der Ortsangabe der Beobachtung (Baugruppe oder Bauelement), einem Merkmal und einer störungsspezifischen Merkmalsausprägung besteht. Die Diagnose der aktuellen Störungssituation soll auf einer normierten Ähnlichkeit zwischen den bekannten Störungssituationen, repräsentiert durch die Diagnosereporte, und der bisher unbekannten aktuellen Störungssituation beruhen. Voraussetzung hierzu ist eine Beurteilung der einzelnen Symptome in der aktuellen Störungssituation und in den dokumentierten Diagnosereporten. Um diese symptombezogene Beurteilung zwischen Diagnosereport und aktueller Störungssituation durchzuführen, ist es erforderlich, daß eine aktuelle Störungssituation ASS formal den gleichen Aufbau wie ein Diagnosereport DR_r besitzt[72].

Eine aktuelle Störungssituation ASS besteht aus einer Menge von aktuell beobachteten Symptomen $\mathbf{SAS} \subset \mathbf{S}$, einer Struktur STAS über diesen Symptomen sowie dem Zeitpunkt t_{ASS} der Symptombeobachtungen. Es gilt:

$$ASS = (\mathbf{SAS}, STAS, t_{ASS})$$

ASS   =   aktuelle Störungssituation
SAS = Menge der beobachteten Symptome der aktuellen Störungssituation
STAS = Struktur (Reihenfolge) der aktuell beobachteten Symptome analog zu ST_r in Kapitel 6.2.4
t_{ASS} = Zeitpunkt der aktuellen Störungssituation
S   = Menge aller Symptome

Ein Vergleich eines Symptoms $S_s = (B_{b1}, M_{m1}, MA_{m1,a1})$ eines Diagnosereports DR_r mit einem Symptom der aktuellen Störungssituation ASS, beschrieben durch SAS = $(B_b, M_m, MA_{m,a})$, ist nur sinnvoll, wenn die Baugruppe bzw. das Bauelement B_b und das Merkmal M_m des Symptoms SAS der aktuellen Störungssituation ASS mit der

---

[72] Zur Erläuterung des Aufbaus eines Diagnosereports DR_r siehe Kapitel 6.2.4.

Baugruppe bzw. dem Bauelement B_{b1} und dem Merkmal M_{m1} des Symptoms S_s des Diagnosereports DR_r übereinstimmt. Das heißt:

$B_b = B_{b1}$ und

$M_m = M_{m1}$ aber nicht notwendigerweise $MA_{m,a} = MA_{m1,a1}$.

Da der Ort und das Merkmal der Symptombeobachtung zwischen aktueller Störungssituation und Diagnosereport identisch sind, basiert die Bestimmung der Ähnlichkeit zwischen einem bekannten Symptom und der in einer aktuellen Störungssituation gemachten Beobachtung auf der Betrachtung der jeweiligen Merkmalsausprägungen.

Die angestrebte numerische Ermittlung von Ähnlichkeiten zwischen den Merkmalsausprägungen setzt eine quantitative Definition der Ähnlichkeit der Merkmalsprägungen voraus. Für Merkmale mit einer quantitativen, numerischen Merkmalsausprägung ist dies trivial. Wie in Kapitel 2 nachgewiesen werden konnte, arbeitet der Instandhaltungsexperte jedoch meist mit qualitativen Merkmalen. In Kapitel 6.2.3 wurde zwischen folgenden Merkmalsarten unterschieden:

1. mehrwertig-nominale Merkmale, z.B.:

   - M_{m1} = Fehlercode der SPS; $MA_{m1,a1}$ = FC-121, $MA_{m1,a2}$ = FC-32, $MA_{m1,a3}$ = AC-61, $MA_{m1,a4}$ = SC-14

   - M_{m2} = Art des Hydrauliköls; $MA_{m2,a1}$ = HLP25, $MA_{m2,a2}$ = HFC, $MA_{m2,a3}$ = HLP68, $MA_{m2,a4}$ = HFD

2. mehrwertig-ordinale Merkmale, z.B.:

   - M_{m3} = Laufgeräusche Spindel; $MA_{m3,a1}$ = leise, $MA_{m3,a2}$ = laut, $MA_{m3,a3}$ = sehr laut

   - M_{m4} = Motorabgasfarbe; $MA_{m4,a1}$ = tief schwarz, $MA_{m4,a2}$ = grau, $MA_{m4,a3}$ = leicht grau, $MA_{m4,a4}$ = weiß

3. mehrwertig-kardinale Merkmale, z.B.:

   - M_{m5} = Spannung Antrieb; $MA_{m5,a1}$ = 220 Volt, $MA_{m5,a2}$ = 680 Volt

   - M_{m6} = Druck Hauptzylinder; $MA_{m6,a1}$ = 100 bar, $MA_{m6,a2}$ = 400 bar.

Für jede Merkmalsart muß eine Funktion zur Bestimmung der Ähnlichkeit der Merkmalsausprägungen entwickelt werden, bei welcher der Ähnlichkeitswert ein Element der reellen Zahlen ist und im abgeschlossenen Intervall von [0,1] liegt.

Mehrwertig-nominale Merkmale können eine Vielzahl von Merkmalsausprägungen besitzen. Die Menge der Ausprägungen, aus der ein Wert angegeben werden muß, ist bei den mehrwertig-nominalen Merkmalen nicht durch „Größer-Kleiner-Beziehungen" zwischen den einzelnen Ausprägungswerten geordnet. Die Ausprägungen von mehrwertig-nominalen Merkmalen können sich hierbei gegeneinander nicht, teilweise oder vollständig logisch ausschließen[73]. Aufgrund der Mehrwertigkeit kann es somit zu einer Vielzahl von unterschiedlichen Ähnlichkeitswerten ($\omega_{m,a1,a2}$) zwischen den Merkmalsausprägungen kommen. Die von den Ausprägungen abhängigen Ähnlichkeitswerte können daher nur vom Instandhaltungsexperten beurteilt werden und müssen von ihm angegeben werden.

Für ein beliebiges mehrwertiges aber festes nominales Merkmal M_m mit den Ausprägungen $\mathbf{MA_m} = \{\ MA_{m,a} \mid a = 1,...,A_m\ \}$ wird daher eine Abbildung ω_m definiert, die angibt, wie ähnlich zwei Ausprägungen des Merkmals M_m sind:

$$\omega_m : \quad \mathbf{MA_m} \times \mathbf{MA_m} \quad \rightarrow \quad [0,1] \tag{I}$$
$$(MA_{m,a1}, MA_{m,a2}) \quad \mapsto \quad \omega_m\,(MA_{m,a1}, MA_{m,a2}) =:\ \omega_{m,a1,a2}$$

Gleiche Ausprägungen besitzen maximale Ähnlichkeit, d.h., falls a1=a2 ist, gilt $\omega_{m,a1,a2} = 1$. ω_m ist symmetrisch, d.h. $\omega_{m,a1,a2} = \omega_{m,a2,a1}$.

$$\omega_{m,a1,a2} \quad = \quad \text{Ähnlichkeitswert zwischen zwei Merkmalsausprägungen } MA_{m,a1}$$
$$\text{und } MA_{m,a2} \text{ des Merkmals } M_m$$

Wenn also die Merkmalsausprägung $MA_{m,a1}$ des Merkmals M_m bei einem Symptom der aktuellen Störungssituation vorliegt und mit der Merkmalsausprägung $MA_{m,a2}$ des Merkmals M_m des Symptoms S_s des betrachteten Diagnosereports übereinstimmt (a1=a2), dann beträgt der Ähnlichkeitswert der Merkmalsausprägung $\omega_{m,a1,a2}$ gleich 1. Sollte sich die Merkmalsausprägung des Merkmals M_m bei dem Symptom der aktuellen Störungssituation und dem Symptom des Diagnosereports unterscheiden (a1≠a2), dann gelten die vom Instandhaltungsexperten festgelegten Ähnlichkeitswerte $\omega_{m,a1,a2}$.

---

[73] Ein logischer Ausschluß von zwei Merkmalsausprägungen bedeutet, daß zwischen zwei Ausprägungen eines Merkmals aufgund der Logik keine Ähnlichkeit vorhanden sein kann. Beispiel: M_m = Eingangssignal liegt an; $MA_{m,a1}$ = Ja, $MA_{m,a2}$ = Nein. Wenn $MA_{m,a1}$ zutrifft, kann $MA_{m,a2}$ nicht zutreffen, es besteht also keine Ähnlichkeit.

Hierbei ist zu beachten, ob sich die Merkmalsausprägungen gegeneinander nicht, teilweise oder vollständig logisch ausschließen. Ist ersteres der Fall, so muß für jedes mögliche Merkmalsausprägungspaar mit a1≠a2 ein Ähnlichkeitswert $\omega_{m,a1,a2}$ vom Instandhaltungsexperten angegeben werden. Bei teilweisem logischem Ausschluß der Merkmalsausprägungen untereinander müssen nur für die bestehenden Ähnlichkeiten die Ähnlichkeitswerte $\omega_{m,a1,a2}$ angegeben werden. Ein Sonderfall liegt vor, wenn das Merkmal M_m nur Merkmalsausprägungen besitzt, die sich alle gegeneinander logisch ausschließen. Liegt bei solchen Merkmalsausprägungen a1≠a2 vor, dann ist $\omega_{m,a1,a2}$ mit Null anzugeben.

Beispiel:

Ein Merkmal beschreibt das eingesetzte Hydrauliköl. Die möglichen Merkmalsausprägungen sind z.B.: HFD, HLP16, HFC, HLP25, HLP68. Wenn in der aktuellen Störungssituation das gleiche Hydrauliköl eingesetzt wird, wie es im Symptom des Diagnosereports dokumentiert ist, dann ist eine Identität gegeben und der Ähnlichkeitswert $\omega_{m,a1,a2}$ beträgt 1. Liegen unterschiedliche Hydrauliköle vor, so kommen die entsprechend vom Instandhaltungsexperten definierten Ähnlichkeitswerte $\omega_{m,a1,a2}$ zum tragen. So beträgt z.B. die Ähnlichkeit zwischen HLP16 und HLP25 nach Erfahrung des Hydraulikexperten 0,9, die zwischen HLP16 und HLP68 0,3 und die zwischen HFC und HFD Null.

Merkmalsausprägung $MA_{m,a1}$ von S_s von SM_r	Merkmalsausprägung $MA_{m,a2}$ von SAS von **SAS**	Ähnlichkeit $\omega_{m,a1,a2}$
HLP25	HLP25	1
HFD	HFC	0
HLP16	HLP25	0,9
. . .	. . .	. . .
HLP68	HLP16	0,3

Abb. 6.3-2: Ähnlichkeitswerte $\omega_{m,a1,a2}$ eines mehrwertig-nominalen Merkmals

Bei **mehrwertig-ordinalen Merkmalen** besteht zwischen den Merkmalsausprägungen eine vollständige Rangordnung, die aussagt, ob die Ausprägung $MA_{m,a1}$ bzgl. der Ordnung "größer" oder "kleiner" als die Ausprägung $MA_{m,a2}$ ist. Dabei ist eine

Quantifizierung der „Größer-Kleiner-Beziehung" nicht unmittelbar möglich[74]. Für mehrwertig-ordinale Merkmale mit nicht-numerischen Variablen, z.B. „sehr viel, wenig, sehr wenig", muß eine Quantifizierungsfunktion herangezogen werden, die eine numerische Berechnung des Ähnlichkeitswertes $\omega_{m,a1,a2}$ ermöglicht. Hierbei kann nicht von einer äquidistanten Anordnung der Merkmalsausprägungen ausgegangen werden. Da mit unterschiedlichen Abständen zwischen den Ausprägungen gerechnet werden muß, soll dem Instandhaltungsexperten die Möglichkeit gegeben werden, die Bestimmung des Ähnlichkeitswertes zu beeinflussen.

Für ein beliebiges mehrwertiges aber festes ordinales Merkmal M_m mit den Ausprägungen $\mathbf{MA_m} = \{\ MA_{m,a}\ |\ a = 1,...,A_m\ \}$ wird daher eine Abbildung ω_m definiert, die angibt, wie ähnlich zwei Ausprägungen des Merkmals M_m sind:

$$\omega_m : \quad \mathbf{MA_m} \times \mathbf{MA_m} \quad \rightarrow \quad [0,1] \qquad\qquad \text{siehe (I)}$$
$$(MA_{m,a1}, MA_{m,a2}) \quad \mapsto \quad \omega_m (MA_{m,a1}, MA_{m,a2}) =: \omega_{m,a1,a2}$$

ω_m wird bei Äquidistanz der Merkmalsausprägungen wie folgt definiert[75] :

$$\omega_m(MA_{m,a1}, MA_{m,a2}) = 1 - \frac{|a2 - a1|}{|K|} \qquad\qquad \text{(II)}$$

Unter a2 und a1 sind die Indizes der Merkmalsausprägungen, die natürlich geordnet sind, zu verstehen. Die Konstante K bestimmt, wie ähnlich der "größte" und "kleinste" Wert der Merkmalsausprägungen einander sind. K legt damit die maximale bzw. minimale Ähnlichkeit der Ausprägungen fest, vgl. Abb. 6.3-3. Je nachdem, wie stark sich nach der Meinung des Instandhaltungsexperten die Differenz zwischen a2 und a1 auswirkt, kann er die Konstante K festlegen[76]. Soll zum Beispiel zwischen der "größten" und "kleinsten" Merkmalsausprägung, entsprechend der definierten Ordnung, ein Ähnlichkeitswert von Null bestehen, so ist $K = |aA_m - a1|$ zu wählen.

---

[74] Bei den mehrstufig-kardinalen Merkmalen besteht eine „Größer-Kleiner-Beziehung" zwischen den Symptomausprägungen $MA_{m,a1}$ und $MA_{m,a2}$, die quantifizierbar ist.

[75] Bei nicht gewollter Äquidistanz ist $\omega_{m,a1,a2}$ geeignet anders zu definieren.

[76] Dabei muß die Konstante K jedoch mindestens den Wert der maximal möglichen Differenz zwischen den quantifizierten Merkmalsausprägungen besitzen, da sonst negative Symptomähnlichkeitswerte entstehen können $(K \geq aA_m - a1)$.

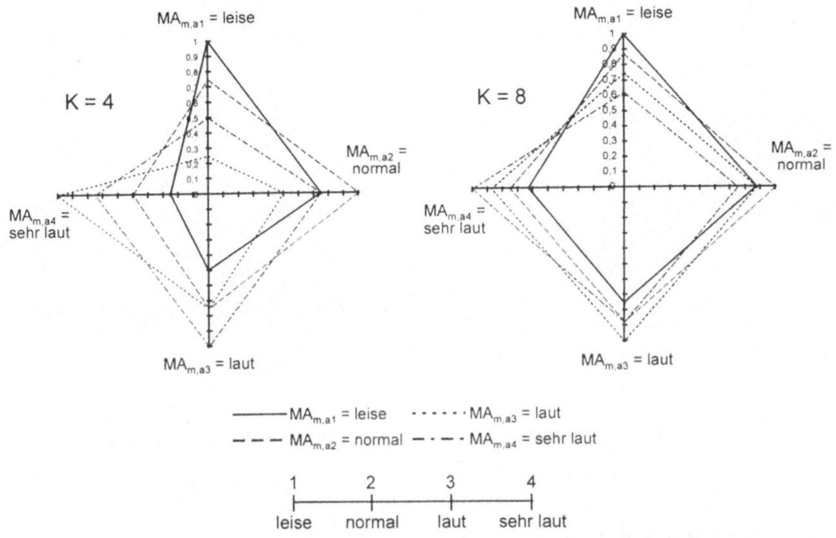

Abb. 6.3-3: Ähnlichkeitswerte für mehrwertig-ordinale Merkmale bei unterschiedlichen K-Werten

Beträgt der minimale Abstand zwischen den einzelnen Merkmalsausprägungen gleich Null und der maximale Abstand gleich Eins, so ist K durch die Angabe der Differenz zwischen der "kleinsten" und der "größten" Merkmalsausprägung zu ersetzen. Dies bietet sich bei **mehrwertig-kardinalen Merkmalen** an, da sich die Ausprägungen in Form numerischer Werte darstellen. Analog zu den Definitionen bei mehrwertig-nominalen und -ordinalen Merkmalen wird für ein beliebiges mehrwertiges aber festes kardinales Merkmal M_m die Ähnlichkeit $\omega_{m,a1,a2}$ wie folgt definiert:

$$\omega_m \left(MA_{m,a1},\ MA_{m,a2} \right) = 1 - \frac{\left| MA_{m,a2} - MA_{m,a1} \right|}{\left| MA_{m,aAm} - MA_{m,a1} \right|} \qquad \text{(III)}$$

Unter a2 und a1 sind die Indizes der Merkmalsausprägungen innerhalb des natürlich geordneten Wertebereiches zu verstehen. Die Indizes aAm und a1 stellen die "größte" bzw. "kleinste" Merkmalsausprägung innerhalb des Wertebereiches dar. Falls eine nicht lineare Ähnlichkeit definiert werden soll, kann der Instandhaltungsexperte die Ähnlichkeiten manuell definieren, wobei sich ein beliebiger Verlauf der Ähnlichkeitswerte ergeben kann (vgl. Abb. 6.3-4).

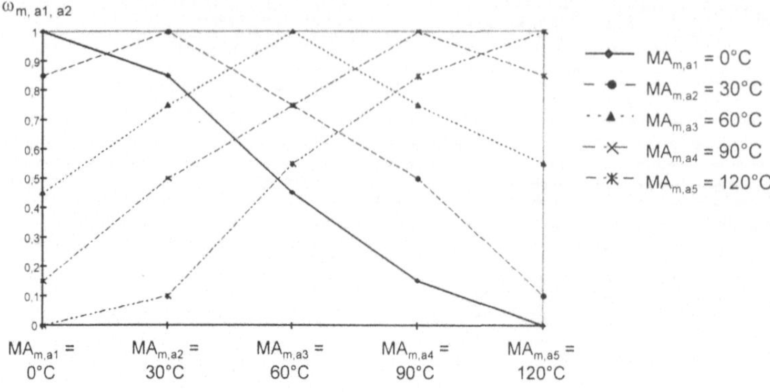

Abb. 6.3-4: Ähnlichkeitswerte für mehrwertig-kardinale Merkmale

6.3.3 Merkmalsrelevanz

Für die Diagnose einer Störungsursache sind in der technischen Diagnostik einzelne Merkmale und deren Ausprägungen unterschiedlich wichtig. Bei konventionellen Diagnoseverfahren ist es die Aufgabe des Wissensingenieurs, die Wichtigkeit (Relevanz) der Merkmale in der Wissensbasis entsprechend zu kodieren. In dem angestrebten Diagnoseverfahren soll jedoch kein Wissensingenieur erforderlich sein. Das Wissen über die Wichtigkeit einzelner Merkmale für den Diagnoseprozeß muß somit vom Instandhaltungsexperten bei der Definition der Merkmale festgelegt werden. Jedem Merkmal wird daher eine Merkmalsrelevanz zugeordnet. Diese Merkmalsrelevanz gilt global für ein Merkmal in allen Störungssituationen. Von einer lokalen, auf eine einzelne Störungssituation bezogene Merkmalsrelevanz wird aus Gründen des hohen Wissensakquisitions- und -repräsentationsaufwandes abgesehen. Eine globale Merkmalsrelevanz hat den Vorteil, daß die Anzahl der Merkmalsrelevanzen durch die Anzahl der Merkmale begrenzt ist und somit der Akquisitions- und Repräsentationsaufwand wesentlich geringer ist. Darüber hinaus haben Tests mit lokalen Merkmalsrelevanzen ergeben, daß der Aufwand der Wissensverarbeitung stark ansteigt. Eine nachweislich verbesserte Entscheidungsqualität konnte jedoch nicht beobachtet werden. Daher wird für jedes Merkmal M_m eine Merkmalsrelevanz MR_m, $MR_m \in [0,1]$ definiert.

Wenn der diagnostizierende Mitarbeiter seine Erfahrungen aus den Beobachtungen während des Diagnoseprozesses in Form eines Diagnosereports dem Wissensverarbeitungsverfahren zur Verfügung stellt, kann dieser Diagnosereport auch Irrwege,

Vermutungen und Fehler des Mitarbeiters während des Diagnoseprozesses enthalten. Weiterhin kann eine a priori festgelegte und beibehaltene Gewichtung von Merkmalen aufgrund der fehlenden Objektivität des Instandhaltungsexperten zu einer unbewußten Manipulation des Diagnoseergebnisses führen[77]. Damit eventuell fehlerhafte Informationen nicht dauerhaft in eine falsche Diagnoserichtung lenken, muß eine Möglichkeit geschaffen werden, mit der das Feedback des diagnostizierenden Mitarbeiters bei erfolgreich durchgeführten Diagnoseprozessen in die Wissensbasis einfließt. Dies bedeutet, daß die vom Instandhaltungsexperten festgelegte Merkmalsrelevanz durch die empirischen Erfahrungen der vom Wissensverarbeitungsverfahren gestellten Diagnosen automatisch angepaßt werden soll.

Hierzu wird die vom Instandhaltungsexperten festgelegte Merkmalsrelevanz im weiteren als Merkmalsanfangsrelevanz MAR_m bezeichnet. Die kontinuierliche Anpassung der Merkmalsrelevanz MR_m erfolgt mittels eines Strategiefaktors α, der die Geschwindigkeit der Anpassung regelt. Dazu wird die relative Merkmalshäufigkeit RMH_m definiert, die aussagt, zu welchem Anteil der bisher erfolgreich durchgeführten Diagnoseprozesse das Merkmal M_m bestätigt wurde. Die Berechnung der Merkmalsrelevanz MR_m, wird wie folgt durchgeführt:

$$MR_m = \alpha \cdot MAR_m + (1 - \alpha) \cdot RMH_m \qquad \text{(IV)}$$

$$RMH_m = \frac{AMH_m}{DIG} \qquad \text{(V)}$$

MR_m = Merkmalsrelevanz des Merkmals M_m

α = Strategiefaktor zur Gewichtung der Merkmalsanfangsrelevanz gegenüber der relativen Merkmalshäufigkeit

MAR_m = Merkmalsanfangsrelevanz des Merkmals M_m

RMH_m = relative Merkmalshäufigkeit des Merkmals M_m

AMH_m = absolute Merkmalshäufigkeit des Merkmals M_m in den bisher
erfolgreich durchgeführten Diagnoseprozessen

DIG = Anzahl der bisher erfolgreich durchgeführten
Diagnoseprozesse

$\alpha, MR_m, MAR_m, RMH_m \in [0, 1], AMH_m \in N_0; DIG \in N$

---

[77] Bock hat bei seinen wissenschaftliche Untersuchungen festgestellt, daß Gewichtungsfaktoren, die von einem einzelnen Experten festgelegt werden, zu subjektiven Ergebnissen führen [Bock74].

Der Strategiefaktor α legt fest, inwieweit die bei der Definition des Merkmals M_m festgelegte Merkmalsanfangsrelevanz MAR_m oder die auf die Anzahl aller erfolgreich durchgeführten Diagnoseprozesse bezogene relative Merkmalshäufigkeit RMH_m, die Merkmalsrelevanz MR_m beeinflußt. Die absolute Merkmalshäufigkeit AMH_m gibt an, wie häufig das betrachtete Merkmal M_m bisher aufgetreten ist und während eines erfolgreichen Diagnoseprozesses bestätigt wurde.

Der Strategiefaktor α muß vom diagnostizierenden Mitarbeiter am Anfang eines Diagnoseprozesses festgelegt und für alle Merkmale konstant gehalten werden. Wenn die Anzahl bisher erfolgreich durchgeführter Diagnoseprozesse gering ist, ist der α-Wert nahe 1 zu wählen, da zu diesem Zeitpunkt die relative Merkmalshäufigkeit noch keine zuverlässige Aussage über die Häufigkeit des zukünftigen Auftretens eines Merkmals zuläßt. Mit zunehmender Anzahl erfolgreich durchgeführter Diagnoseprozesse liegt die relative Häufigkeit nahe der Auftrittswahrscheinlichkeit. Das heißt, daß sie nach dem Bernoullischen Gesetz der großen Zahlen[78] allein als Näherung für die Wahrscheinlichkeit verwendet werden kann. Das bedeutet, daß α mit zunehmender Anzahl erfolgreicher Diagnoseprozesse reduziert werden kann. Dieser Vorgang kann automatisch ablaufen, wenn α nach der folgenden Formel bestimmt wird:

$$\alpha_{neu} = \begin{cases} \alpha_{alt} - \varepsilon & \text{falls} \quad \alpha_{alt} - \varepsilon \geq 0 \\ 0 & \text{sonst.} \end{cases} \qquad (VI)$$

$\varepsilon = \alpha$-Strategieanpassungsfaktor, $\varepsilon \in [0,1]$

Nach jedem abgeschlossenen Diagnoseprozeß wird α um ε verringert. Dann gilt nach $1/\varepsilon$ abgeschlossenen Diagnoseprozessen, daß die Merkmalsrelevanz MR_m der relativen Merkmalshäufigkeit RMH_m entspricht. Der Instandhaltungsexperte muß je nach Diagnoseobjekt und Erfahrung ein geeignetes ε festlegen. Neben der Anzahl der Maschinen, bei denen die Wissensbasis zur Anwendung kommt, sollte auch die Anzahl der bekannten Merkmale und die Zuverlässigkeit der Merkmalsanfangsrelevanz MAR_m bei der Festlegung von ε berücksichtigt werden. Je mehr Merkmale bekannt sind, desto kleiner sollte ε gewählt werden, da dann umso mehr Diagnoseprozesse nötig sind, bis alle Merkmale mehrmals überprüft wurden.

---

[78] Nach dem Bernoullischen Gesetz der großen Zahlen läßt sich folgern, daß eine unbekannte Wahrscheinlichkeit $p = P(A)$ durch die relative Häufigkeit $rn(A)$ approximiert werden kann. Wenn also $P(A) \approx rn(A)$ gilt, dann liegt die relative Häufigkeit bei großem n fast sicher in unmittelbarer Umgebung von p, das heißt, Ausnahmen sind höchst selten [Bosc93].

6.3.4 Ähnlichkeiten von Störungssituationen

Um die zur aktuellen Störungssituation ähnlichsten Diagnosereporte aus einer Report-Wissensbasis zu ermitteln, müssen neben der Ähnlichkeit der einzelnen Merkmalsausprägungen die Ähnlichkeiten der Diagnosereporte selbst bestimmt werden. Wie bei den Merkmalsausprägungen der Symptome S_s sollen auch hier mathematische Algorithmen für die Ähnlichkeitsbewertung herangezogen werden. Dabei sind die Ähnlichkeiten der gespeicherten Diagnosereporte auf einen numerischen Ähnlichkeitswert zu reduzieren. Die Ordnung der reellen Zahlen induziert dann eine Ordnung in der Wissensbasis über die darin gespeicherten Diagnosereporte. Zu beachten ist, daß die Diagnosereporte aufgrund der in der Praxis unterschiedlich auftretenden technischen Störungen eine voneinander abweichende Anzahl an Symptomen mit unterschiedlichen Baugruppen und Merkmalen aufweisen. Um trotzdem eine Bewertung zu ermöglichen, ist eine Normierung der Diagnosereportähnlichkeit auf ein festgelegtes Intervall [0, 1] notwendig.

Da die Diagnosereporte von mehreren Instandhaltungsexperten angelegt werden, ist z.T. mit unterschiedlichen Dokumentationen gleicher Störungssituationen zu rechnen. Darüber hinaus kommt es bei der störungsbedingten Fehlerdiagnose immer wieder vor, daß nicht alle Symptome der aktuellen Störungssituation, die zur Bestimmung der Ursache beitragen, erfaßt werden. Andererseits können in den Diagnosereporten Symptome dokumentiert sein, die in der aktuellen Störungssituation nicht beobachtet werden können. Es werden zum Beispiel wichtige Symptome des Diagnoseprozesses nicht dokumentiert oder unwichtige Symptome in den Diagnosereport mitaufgenommen. Bei der Bestimmung der Ähnlichkeit zwischen einer aktuellen Störungssituation (ASS) und den dokumentierten Diagnosereporten (**DR**) sind daher folgende Situationen zu berücksichtigen, vgl. Abb. 6.3-5:

Symptom S_s der ASS:	Symptom $S_{s'}$ vom DR_r:	Situationen:
$S_s = (B_b, M_m, MA_{m,a})$	$S_{s'} = (B_b, M_m, MA_{m,a})$	übereinstimmend
$S_s = (B_b, M_m, MA_{m,a})$	$S_{s'} = (B_b, M_m, MA_{m,a'})$	widersprechend
$S_s = (B_b, M_m, MA_{m,a})$	Merkmal nicht vorhanden	überbestimmt
Merkmal nicht beobachtet	$S_{s'} = (B_b, M_m, MA_{m,a'})$	unterbestimmt

Abb. 6.3-5: Situationen bzgl. Symptomen S_s der ASS und $S_{s'}$ des DR_r

Im Idealfall enthält die aktuelle Störungssituation ASS exakt die gleichen Symptome $S_s = (B_b, M_m, MA_{m,a})$ wie ein dokumentierter Diagnosereport DR_r in der Wissensbasis. Die aktuelle Störungssituation ASS determiniert dann einen Diagnosereport DR_r eindeutig. Darüber hinaus kann eine aktuelle Störungssituation ASS jedoch auch weniger, mehr oder andere Symptome enthalten als die gespeicherten Diagnosereporte. In diesen Fällen determiniert die aktuelle Störungssituation keinen Diagnosereport eindeutig. Der Diagnosereport ist unter- oder überbestimmt. Bei der Ermittlung der Ähnlichkeit eines betrachteten Diagnosereports DR_r zur aktuellen Störungssituation ASS muß daher die Anzahl der im Diagnosereport als ähnlich eingestuften Symptome und die Anzahl der bestätigten Symptome in der aktuellen Störungssituation berücksichtigt werden.

Es sei ASS = (**SAS**, STAS, t_{ASS}) eine aktuelle Störungssituation mit den Symptomen **SAS** = $\{S_v \mid v \in V\}$. Es sei weiterhin DR_r = (**SM$_r$**, ST_r, t_r) ein Diagnosereport mit den Symptomen **SM$_r$** = $\{S_w \mid w \in W\}$[79]. Die Ähnlichkeit Ω_r zwischen dem Diagnosereport DR_r und der aktuellen Störungssituation ASS wird als relative Diagnosereportähnlichkeit bezeichnet und ist wie folgt definiert:

$$\Omega(DR_r, ASS) = \Omega_r$$

$$\Omega_r = \frac{\sum\limits_{S_v, S_w} \omega(S_v, S_w) \cdot MR_{mw}}{\sum\limits_{S_v} 1} = \frac{A\Omega_r}{ASA} \qquad \text{(VII)}$$

wobei $\omega(S_v, S_w)$ die Ähnlichkeit der Symptome definiert, die basierend auf den Ähnlichkeiten der Merkmalsausprägungen $MA_{m,a1}$ und $MA_{m,a2}$ ermittelt werden[80].

S_v = Symptom der aktuellen Störungssituation ASS, $S_v \in$ **SAS**

S_w = Symptom des betrachteten Diagnosereports DR_r, $S_w \in$ **SM$_r$**

MR_{mw} = Merkmalsrelevanz des Merkmals M_m des Symptoms S_w bzw. S_v

Ω_r = relative Diagnosereportähnlichkeit, $\Omega_r \in [0, 1]$

$A\Omega_r$ = absolute Diagnosereportähnlichkeit, $A\Omega_r \in [0, \infty)$

ASA = Anzahl der Symptome S_v der aktuellen Störungssituation ASS, $ASA \in \mathbb{N}$

---

[79] V und W seien geeignete Indexmengen.

[80] Symptome an ungleichen Baugruppen B_b oder mit ungleichen Merkmalen M_m haben per Definition die Ähnlichkeit Null, siehe Kapitel 6.3.2.

Die relative Diagnosereportähnlichkeit Ω_r ist demnach der Quotient aus der absoluten Diagnosereportähnlichkeit $A\Omega_r$ und der Anzahl der in einer aktuellen Störungssituation ASS bestätigten Symptome S_v. Hierbei errechnet sich die absolute Diagnosereportähnlichkeit $A\Omega_r$ aus der Summe der einzelnen Ähnlichkeitswerte $\omega(S_v, S_w)$ der Merkmalsausprägungen multipliziert mit den jeweiligen Merkmalsrelevanzen MR_{mw} der Symptome S_w des Diagnosereports DR_r. Die auf die aktuelle Störungssituation bezogene Ähnlichkeit eines Diagnosereports, die relative Diagnosereportähnlichkeit Ω_r, ändert sich daher mit jedem im Verlaufe eines Diagnoseprozesses bestätigten Symptom.

6.3.5 Diagnosereportrelevanz

Der Instandhaltungsexperte berücksichtigt bei der Diagnose jedoch nicht nur die Merkmalsrelevanz und damit die Häufigkeit, mit der bestimmte Merkmale in bekannten Störungssituationen auftreten, sondern auch die Auftrittswahrscheinlichkeit bestimmter Störungsursachen. Daher ist die sogenannte Auftrittswahrscheinlichkeit einer Störung bzw. deren Ursache eine wichtige Größe für die Ermittlung der wahrscheinlichsten Diagnosereporte aus der Wissensbasis. Die Auftretenswahrscheinlichkeit einer Ursache ist von der zeitlichen Regelmäßigkeit des Auftretens und der Auftretenshäufigkeit abhängig. Idealerweise greift man zur Ermittlung der Auftretenswahrscheinlichkeit auf die gespeicherten Betriebsstundenintervalle der Produktionsanlage zurück. Sollten nur Kalenderzeitintervalle verfügbar sein, so können auch diese herangezogen werden. Voraussetzung ist jedoch eine nahezu kontinuierliche Auslastung des Diagnoseobjektes.

Eine Ursache U_u und der zugehörige Diagnosereport DR_r besitzen a priori eine hohe Auftretenswahrscheinlichkeit, wenn der Zeitabstand vom Zeitpunkt des letzten Auftretens der Ursache U_u bis zum Zeitpunkt der aktuellen Störungssituation dem durchschnittlichen Zeitintervall des Auftretens nahe kommt.
Es sei $U = \{ U_u \mid u = 1,...,U \}$ die Menge aller Ursachen[81] (vgl. Kapitel 6.2.4). Für jede Ursache wird ein Ursachenintervall definiert, das angibt, in welchem zeitlichen Abstand die Ursache U_u als Ursache (nicht als Symptom!) aufgetreten ist. Der zeitliche Ursachenmittelwert UM der Ursache U_u wird definiert durch:

---

[81] Jeder Diagnosereport DR_r besitzt eine Ursache, vgl. Kapitel 6.2.4. Diese können gleich oder ungleich sein. Die Menge aller verschiedener Ursachen wird mit U bezeichnet.

112

$$UM(U_u) \quad = \quad \frac{\sum\limits_{U(DR_r)=U_u}(t'_u - t_u)}{\sum\limits_{U(DR_r)=U_u}1} \quad =: UM_u \qquad\qquad (VIII)$$

$UM(U_u)$	=	zeitlicher Ursachenmittelwert der Ursache U_u, er entspricht dem arithmetischen Mittelwert der Differenzen der Zeitpunkte des Auftretens der Ursache U_u, $UM(U_u) = UM_u \in [0, \infty)$
U	=	Menge aller Ursachen U_u
U_u	=	Ursache des Diagnosereports DR_r
t_u	=	Zeitpunkt des Auftretens des Diagnosereports DR_r mit der Ursache U_u
t'_u	=	Zeitpunkt des nächsten Auftretens des Diagnosereports DR_r mit der Ursache U_u

Die a priori Auftretenswahrscheinlichkeit[82] einer Ursache wird somit definiert als:

$$UW(U_u) = \begin{cases} 1 - \dfrac{\left|(t_{ASS} - t_u^{max}) - UM(U_u)\right|}{UM(U_u)} & \text{falls } (t_{ASS} - t_u^{max}) \leq 2 \cdot UM(U_u) \\[2mm] 0 & \text{sonst.} \end{cases} \qquad (IX)$$

$$t_u^{max} \quad = \max \{\, t_u \mid U(DR_r) = U_u \,\}$$

$UW(U_u)$	=	Auftretenswahrscheinlichkeit der Ursache U_u, $UW(U_u) \in [0, 1]$
$UM(U_u)$	=	zeitlicher Ursachenmittelwert der Ursache U_u, er entspricht dem arithmetischen Mittelwert der Differenzen der Zeitpunkte des Auftretens der Ursache, $UM(U_u) \in [0, \infty)$
t_{ASS}	=	Zeitpunkt der aktuellen Störungssituation
t_u^{max}	=	Zeitpunkt des letzten Auftretens der Ursache U_u

Wenn das aktuelle Ursachenintervall $(t_{ASS} - t_u^{max})$ mehr als doppelt so groß ist wie der Ursachenmittelwert $UM(U_u)$, dann ist die Auftretenswahrscheinlichkeit der Ursache $UW(U_u)$ entsprechend der Gleichung (IX) als Null anzunehmen.

---

[82] Mit der Auftretenswahrscheinlichkeit ist hier nicht die mathematische Wahrscheinlichkeit des Auftretens der Ursache entsprechend der Wahrscheinlichkeitstheorie gemeint, sondern die Auftretenswahrscheinlichkeit stellt ein Maß für die Wahrscheinlichkeit des Auftretens dar.

Bei der Ermittlung des zeitlichen Ursachenmittelwertes UM(U_u) muß beachtet werden, ob dieser durch gleichmäßig oder eher unterschiedlich große Zeitabstände gebildet wird. Sind die zeitlichen Unterschiede der Ursachenintervalle gering, so ist die Wahrscheinlichkeit, daß die entsprechende Ursache der betrachteten Diagnosereporte nach dem Zeitintervall wieder auftritt, höher als bei großen Abweichungen zwischen den Zeitintervallen. Ist letzteres der Fall, so ist die Auftretenswahrscheinlichkeit eher zufällig und der entsprechende Diagnosereport darf keine höhere Relevanz erhalten. Dieser Umstand ist bei der Berechnung der Relevanz eines Diagnosereports zu berücksichtigen.

Die Relevanz eines Diagnosereports für die aktuelle Störungssituation ergibt sich somit aus der relativen Diagnosereportähnlichkeit Ω_r und der Auftretenswahrscheinlichkeit der Ursache UW(U_u). Der Anteil der Auftretenswahrscheinlichkeit an der Relevanz eines Diagnosereports gegenüber der relativen Diagnosereportähnlichkeit Ω_r muß von der Gleichmäßigkeit der Ursachenintervalle abhängig sein. Ein Maß für diese Gleichmäßigkeit ist die auf den Ursachenmittelwert UM(U_u) bezogene Varianz. Je größer die Varianz ist, desto größer sind die Unterschiede bei den Ursachenintervallen. Die Varianz der zeitlichen Verteilung der Ursachen U_u wird als Ursachenvarianz bezeichnet und wird wie folgt definiert:

$$UV^2(U_u) = \frac{1}{\left(\displaystyle\sum_{U(DR_r)=U_u} 1\right) - 1} \cdot \left(\sum_{U(DR_r)=U_u} \left((t'_u - t_u) - UM_u\right)^2\right) \qquad (X)$$

$UV^2(U_u)$ = Ursachenvarianz der Ursache U_u, $UV^2(U_u) \in [0,1]$

UM_u = zeitlicher Ursachenmittelwert der Ursache U_u, er entspricht dem arithmetischen Mittelwert der Differenzen der Zeitpunkte des Auftretens der Ursache, UM(U_u) $\in [0, \infty)$

t_u, t'_u = Zeitpunkte des Auftretens des Diagnosereports DR_r mit der Ursache U_u

In der Regel ergeben sich in der Technik Werte, die einer Normalverteilung unterliegen, wenn diese einer physikalisch-technischen Gesetzmäßigkeit folgen. Die Schwankungen dieser Werte beruhen auf systematischen und vor allem zufälligen Fehlern, die keinen großen Einfluß auf die Größenordnung der Werte haben [Beit86]. Wenn bestimmte physikalisch-technische Gründe ein periodisches Auftreten einer Ursache U_u bedingen und das Zeitintervall zwischen dem letzten Auftreten der Ursache und dem Zeitpunkt der aktuellen Störungssituation t_{ASS} dem Ursachenmittelwert $UM(U_u)$ annähernd entspricht, dann sind die Diagnosereporte mit dieser Ursache $(U(DR_r)=U_u)$ im Diagnoseprozeß stärker zu berücksichtigen. Die Diagnosereporte DR_r mit der Ursache U_u sind umso relevanter, je geringer die Zeitintervalle zwischen dem Auftreten der Ursachen U_u schwanken. Hier liegen geringe zufällige Fehler vor und die Ursachenvarianz ist klein.

Als Beispiel kann der Verschleiß einer Zündkerze in einer thermischen Entgratungsanlage genannt werden. Nach einer bestimmten Zeit muß die Zündkerze ausgewechselt werden, da ihr Elektrodenabstand zu groß geworden ist. Die Zündspannung bildet hierbei die physikalisch-technische Grundlage, die den Elektrodenabstand in annähernd gleichbleibender Art beeinflußt. Die Standzeitintervalle sind daher nahezu konstant.

Je größer die Intervalle zwischen dem Auftreten der Ursache U_u schwanken, desto größer ist die Ursachenvarianz $UV^2(U_u)$ und umso kleiner ist die Wahrscheinlichkeit, daß die aktuelle Störungssituation durch eine periodisch auftretende Ursache U_u bedingt ist. Daher ist bei der Berechnung der Relevanz eines Diagnosereports mit der Ursache U_u nur dann die Auftretenswahrscheinlichkeit der Ursache U_u, d.h., die Periodizität des Auftretens der Ursache U_u, zu berücksichtigen, wenn die Ursachenvarianz $UV^2(U_u)$ kleiner als Eins ist. Bei vollständiger Periodizität des Auftretens der Ursache U_u ist die Varianz $UV^2(U_u)$ gleich Null und die Auftretenswahrscheinlichkeit der Ursache $UW(U_u)$ muß bei der Berechnung der Relevanz des Diagnosereports mit der Ursache U_u maximal berücksichtigt werden.

Die Relevanz eines Diagnosereports RDR_u für die Lösung einer aktuellen Störungssituation berechnet sich wie folgt:

$$RDR_u = RDR(U_u)$$
$$= UV^2(U_u)\, \beta\, \Omega_r + (1- UV^2(U_u))\, (1-\beta)\, UW(U_u) \qquad \text{(XI)}$$

RDR_u	=	Relevanz des Diagnosereports mit der Ursache U_u, $RDR_u \in [0, 1]$
$UV^2(U_u)$	=	Ursachenvarianz, $UV^2(U_u) \in [0, 1]$
β	=	Strategiefaktor zur Gewichtung der relativen Diagnosereportähnlichkeit Ω_r gegenüber der Ursachenwahrscheinlichkeit
Ω_r	=	relative Diagnosereportähnlichkeit, $\Omega_r \in [0, 1]$
$UW(U_u)$	=	Auftretenswahrscheinlichkeit der Ursache U_u, $UW(U_u) \in [0, 1]$

Die Relevanz eines Diagnosereports stellt somit einen Ordnungsgrad für die Auswahl geeigneter Diagnosereporte zur Bestimmung einer Ursache bei einer gegebenen Störungssituation dar.

Wurden erst wenige Störungsursachen mit dem Diagnoseverfahren diagnostiziert, so liegen nur wenige Zeitintervalle vor. Der Strategiefaktor β ist dann möglichst groß zu wählen, da die errechnete Auftretenswahrscheinlichkeit der Ursache U_u keine zuverlässige Aussage über den zeitlichen Ursachenmittelwert $UM(U_u)$ der Ursache U_u darstellt. In der Formel (XI) ist erkennbar, wie die Ursachenvarianz $UV^2(U_u)$ bei zunehmend schwankenden Zeitintervallen den Anteil der Auftretenswahrscheinlichkeit der Ursache U_u bei der Berechnung der Relevanz eines Diagnosereports zurücknimmt ($UV^2(U_u)$ geht gegen Eins). Um eine zur Ursachenbestimmung sichere Entscheidungsbasis aus den Diagnosereporten ableiten zu können, muß der Strategiefaktor β während der Diagnose für alle Diagnosereporte konstant sein.

Unter der Voraussetzung, daß das Bernoullische Gesetz der großen Zahlen gilt, könnte der Strategiefaktor β in gleicher Weise wie der Strategiefaktor α automatisch angepaßt werden. Erfahrungsgemäß ist jedoch die Anzahl der bestätigten Ursachen bzw. der dokumentierten Diagnosereporte wesentlich geringer als die Anzahl der beobachteten Merkmale. Daher soll auf eine automatische Anpassung des Strategiefaktors β verzichtet werden.

7. Verfahrensablauf zur reportbasierten Diagnose

Nachdem im vorangegangenen Kapitel die Modelle zur Wissensakquisition, Wissensrepräsentation und Wissensverarbeitung als Grundlage des reportbasierten Diagnoseverfahrens erarbeitet wurden, werden in den folgenden Kapiteln die entsprechenden Verfahrensschritte betrachtet. Der Verfahrensablauf zur reportbasierten Diagnose setzt sich hierbei aus den Verfahrensschritten zur Wissensakquisition, Wissensrepräsentation und Wissensverarbeitung zusammen. Aufgrund der in Kapitel 3 aufgezeigten Interdependenzen zwischen der Wissensakquisition, -repräsentation und -verarbeitung sind Rückkopplungen zwischen den Verfahrensschritten erforderlich, siehe Abb. 7-1. Wird zum Beispiel bei der Wissensrepräsentation erkannt, daß das akquirierte Wissen nicht ausreichend detailliert ist, so muß weiteres Wissen akquiriert werden. Gleiches gilt bei einer unzureichenden Wissensverarbeitung, auch hier muß neues Diagnosewissen akquiriert und die Wissensrepräsentation überarbeitet werden.

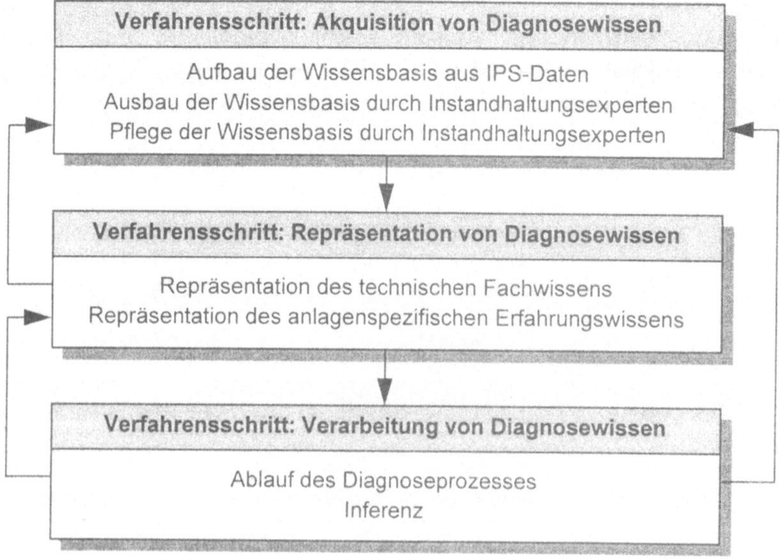

Abb. 7-1: Verfahrensablauf des reportbasierten Diagnoseverfahrens

Da die Wissensakquisition neben der Identifikation und Erhebung des diagnosespezifischen Wissens insbesondere den Aufbau, den Ausbau der Wissensbasis sowie die Pflege der Wissensbasis umfaßt, ist das in Kapitel 6.2 definierte Wissensrepräsentationsmodell bei der Beschreibung des Verfahrensschrittes zur Wissensakquisition zu berücksichtigen. Im Verfahrensschritt der Wissensrepräsentation wird
daher die Repräsentation von technischem Fachwissen und anlagenspezifischem
Erfahrungswissen beschrieben. Der Verfahrensschritt der Wissensverarbeitung umfaßt neben dem Ablauf des Diagnoseprozesses, durch Interaktion zwischen dem
Diagnoseverfahren und dem diagnostizierenden Mitarbeiter, die Inferenz, die auf
dem in Kapitel 6.3 dargestellten Wissensverarbeitungsmodell basiert.

7.1   Verfahrensschritt: Akquisition von Diagnosewissen

Die Eingabe von Diagnosewissen in die Wissensbasis ist ein wesentlicher Bestand-
teil der Wissensakquisition. Das Wissensakquisitionsverfahren soll dabei einheitlich
und von einer Einzelanlage unabhängig sein. Dies setzt eine allgemeingültige Beschreibung des technischen Diagnosewissens voraus. Die Grundlage der allgemeingültigen Beschreibung von technischem Diagnosewissen stellt das im Kapitel 6.2 definierte Wissensrepräsentationsmodell dar. Das beschriebene Wissensrepräsentationsmodell ermöglicht somit den Aufbau eines prozeduralen Formalismus, der die
Grundlage für eine DV-gestützte und damit automatische Wissensakquisition aus
IPS-Daten bildet.

Bei der Betrachtung des Ablaufes der Wissensakquisition ist zu berücksichtigen, ob
über die zu betrachtende Anlage Diagnosewissen vorliegt und in welcher Form dieses Wissen zur Verfügung steht. Handelt es sich um eine Anlage, die bisher im Unternehmen nicht eingesetzt wurde, so existiert in der Regel kein Erfahrungswissen
über mögliche technische Störungen und die dabei auftretenden Symptome. Es
existieren keine IPS-Daten. Wissensbasierte Diagnosesysteme werden jedoch meist
von Unternehmen eingesetzt, die bereits Einsatzerfahrungen mit einem IPS-System
im Instandhaltungsbereich besitzen [JaWi91]. Darüber hinaus erfolgt der Aufbau eines Diagnosesystems erst dann, wenn beim Einsatz einer Produktionsanlage Diagnoseprobleme auftreten, die zu hohen Störzeiten und damit zu hohen Instandhal-
tungs- sowie Ausfallfolgekosten führen. Es kann daher davon ausgegangen werden,
daß eine Anlage bereits längere Zeit im Unternehmen eingesetzt wird, so daß Diagnosewissen bzw. Erfahrungen vorliegen und anlagenspezifische Informationen im
IPS-System dokumentiert sind.

Der Verfahrensschritt zur Wissensakquisition gliedert sich in drei Phasen. Die erste Phase betrifft den **Aufbau der Wissensbasis** durch eine automatische Datenübernahme aus einem IPS-System. Die zweite Phase umfaßt den **Ausbau der Wissensbasis** in Form einer direkten Wissensakquisition durch die Instandhaltungsexperten. Sie beinhaltet die Ergänzung der IPS-Daten in der Wissensbasis und die Erfassung des Diagnosewissens der Instandhaltungsexperten. Gegenstand der dritten Phase ist die **Pflege der Wissensbasis** durch die Instandhaltungsexperten. Die Pflege der Wissensbasis trägt somit der Halbwertzeit von Diagnosewissen Rechnung und beinhaltet u.a. die Eingabe von Wissen über bisher unbekannte technische Störungen. Obwohl der Pflegeaufwand mit steigendem Umfang der Wissensbasis sinkt, handelt es sich um eine permanente Aufgabe. Aufgrund der bisherigen Notwendigkeit eines Wissensingenieurs ergaben sich in der Praxis unterschiedliche Verantwortlichkeiten während des Aufbaus und der Pflege der Wissensbasis. Dies führt zu Koordinationsproblemen und erhöhtem Abstimmungsaufwand [Kurb89]. Da durch die direkte Wissensakquisition kein Wissensingenieur erforderlich ist, kann der Instandhaltungsexperte die Verantwortung für den Aufbau, den Ausbau und die Pflege der Wissensbasis übernehmen.

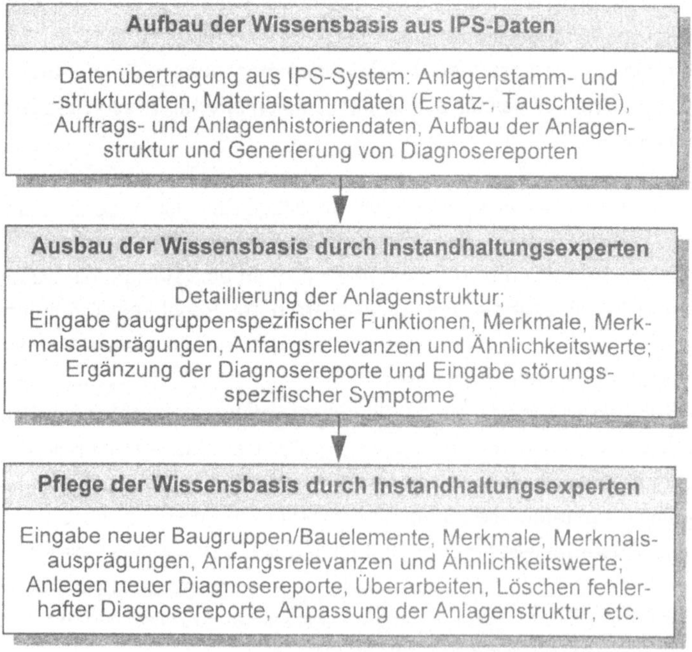

Aufbau der Wissensbasis aus IPS-Daten

Datenübertragung aus IPS-System: Anlagenstamm- und -strukturdaten, Materialstammdaten (Ersatz-, Tauschteile), Auftrags- und Anlagenhistoriendaten, Aufbau der Anlagenstruktur und Generierung von Diagnosereporten

Ausbau der Wissensbasis durch Instandhaltungsexperten

Detaillierung der Anlagenstruktur;
Eingabe baugruppenspezifischer Funktionen, Merkmale, Merkmalsausprägungen, Anfangsrelevanzen und Ähnlichkeitswerte;
Ergänzung der Diagnosereporte und Eingabe störungsspezifischer Symptome

Pflege der Wissensbasis durch Instandhaltungsexperten

Eingabe neuer Baugruppen/Bauelemente, Merkmale, Merkmalsausprägungen, Anfangsrelevanzen und Ähnlichkeitswerte;
Anlegen neuer Diagnosereporte, Überarbeiten, Löschen fehlerhafter Diagnosereporte, Anpassung der Anlagenstruktur, etc.

Abb. 7.1-1: Die drei Phasen der Wissensakquisition

7.1.1 Aufbau der Wissensbasis aus IPS-Daten

Da neben dem Erfahrungswissen der Instandhaltungsexperten die IPS-Daten eine wesentliche Wissensquelle darstellen, sind diese zum Aufbau der Wissensbasis zu nutzen. Entsprechend dem Wissensrepräsentationsmodell stellt die physische Anlagenstruktur das Basisgerüst des Diagnosewissens dar. Daher sind zu Beginn der Wissensakquisition die für das Diagnoseverfahren relevanten Anlagenstamm- und Anlagenstrukturdaten im IPS-System zu selektieren und in die Wissensbasis zu übertragen. Die Anlagenstruktur im IPS-System ist aufgrund des fehlenden diagnostischen Mittelbaus für die Fehlerdiagnose nicht ausreichend strukturiert und muß in der zweiten Wissensakquisitionsphase detailliert werden. Die unterste Ebene der Anlagenstruktur wird unter Berücksichtigung diagnosespezifischer Gesichtspunkte durch die vorhandenen Tausch- und Ersatzteile festgelegt. Daher sind die für die Diagnose relevanten Stammdaten der anlagenspezifischen Ersatz- und Tauschteile zu selektieren und in die Wissensbasis zu übertragen.

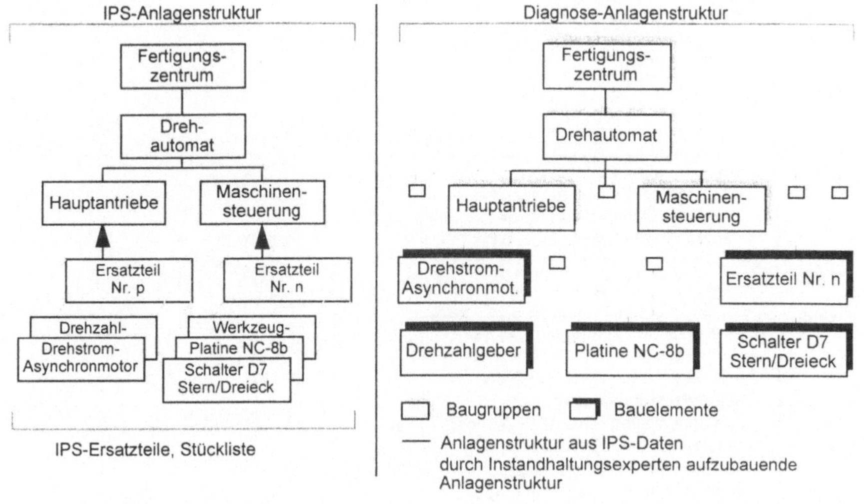

Abb. 7.1-2: Aus IPS-Daten aufgebaute physische Anlagenstruktur

Nachdem die notwendigen Daten über die Anlagenstruktur sowie die Ersatz- und Tauschteildaten vollständig vom IPS-System in die Wissensbasis übertragen sind, müssen die für die Diagnose wichtigen Daten aus der Anlagenhistorie des IPS-Systems in die Wissensbasis übertragen werden, vgl. Abb. 7.1-3. Hierbei sind die für die Diagnose relevanten Daten der Instandsetzungsaufträge aus der Anlagenhistorie zu selektieren und auftragsbezogen in die Wissensbasis zu übernehmen. Für jeden dokumentierten Instandsetzungsauftrag wird in der Wissensbasis ein Diagnosereport angelegt.

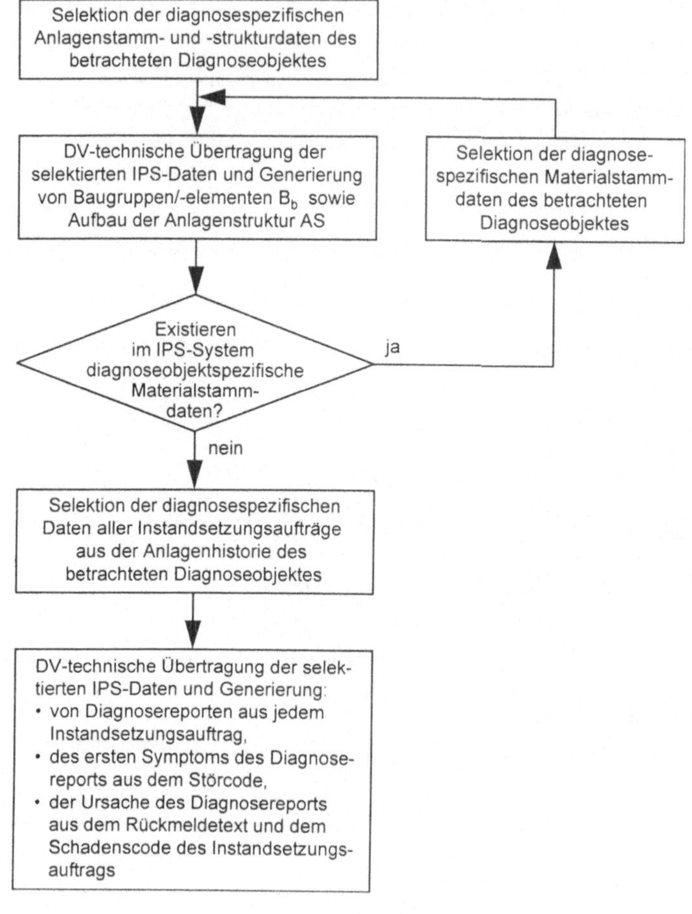

Abb. 7.1-3: Aufbau der Wissensbasis aus IPS-Daten

Da die Auftragsdaten des IPS-Systems keine vollständige Zustandsbeschreibung der jeweiligen Störungssituation (diagnostischer Mittelbau) enthalten, ist eine diffe-renzierte Diagnose mit diesen Informationen nicht möglich. Dennoch kann aus der

Angabe des Störcodes und der Baugruppe das erste Symptom des Diagnosereports generiert werden. Darüber hinaus ist eine Generierung der Ursache des Diagnosereports aus dem Rückmeldetext, dem Schadenscode und der Angabe des Materials (Ersatzteile) möglich. Die generierten Diagnosereporte müssen aufgrund der fehlenden Symptome und den funktionalen Relationen in der zweiten Phase der Wissensakquisition, dem Ausbau der Wissensbasis, von einem Instandhaltungsexperten aufbereitet werden (vgl. Abb. 7.1-4).

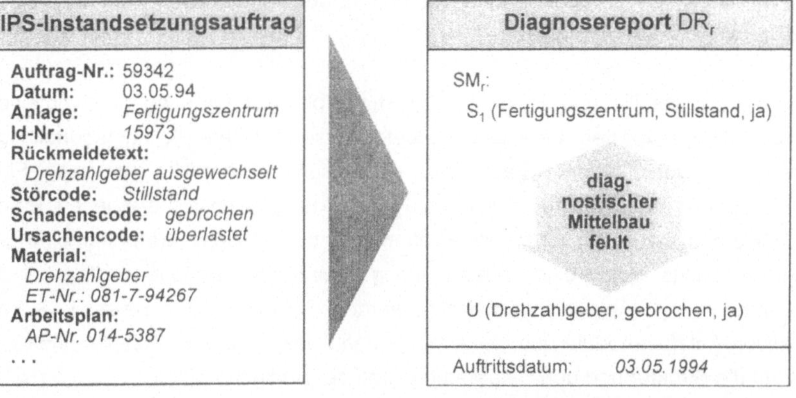

Abb. 7.1-4: Abbildung von Instandsetzungsauftragsdaten im Diagnosereport

Trotz der erforderlichen Überarbeitung der IPS-Daten in der Wissensbasis ist durch die automatische Wissensakquisition dieser Daten eine erhebliche Reduzierung des Wissensakquisitionsaufwandes zu erreichen.

7.1.2 Ausbau der Wissensbasis durch Instandhaltungsexperten

Nachdem das Wissen über die Anlagenstruktur, die diagnosespezifischen Materialstammdaten sowie die auftragsbezogenen Daten vollständig vom IPS-System in die Wissensbasis übertragen sind, müssen diese Daten in Form einer direkten Wissensakquisition von den Instandhaltungsexperten überarbeitet und ergänzt werden (vgl. Abb. 7.1-5). Hierbei wird zuerst die Anlagenstruktur, bestehend aus den Baugruppen des IPS-Systems, hinsichtlich ihrer Eignung für die reportbasierte Diagnose überprüft. Die Überarbeitung der Anlagenstruktur umfaßt dabei die Einführung von neuen Baugruppen (evtl. Standardbaugruppen, -elemente[83]), das Löschen von Baugruppen sowie die Veränderung der physischen Zuordnungen zwischen den Baugruppen. Zur Detaillierung der Anlagenstruktur sind die aus dem IPS-System übernommenen diagnosespezifischen Materialstammdaten (Ersatz-, Tauschteildaten) heranzuziehen. Zwischen den aus dem IPS-System übernommenen Baugruppen der Anlagenstruktur und den Bauelementen, dargestellt durch die übernommenen Ersatzteile, sind diagnosespezifische Strukturebenen mit Baugruppen zu bilden. Darüber hinaus sind die in einem IPS-System anlagenspezifisch verwalteten Ersatzteile oftmals nicht vollständig. Das bedeutet, daß der Instandhaltungsexperte weitere Bauelemente eingeben muß[84].

Kann das zur Detaillierung der Anlagenstruktur erforderliche Wissen nicht von einem Instandhaltungsexperten bereitgestellt werden, so müssen die Instandhaltungsexperten der verschiedenen Fachbereiche (Mechanik, Hydraulik, Pneumatik, Elektrik, Elektronik, etc.) die erforderliche Anlagenstruktur gemeinsam erarbeiten. Da die Modellelemente zur Wissensrepräsentation und die Wissensverarbeitung für alle Diagnoseobjekte gleich sind, müssen anlagenspezifische Besonderheiten bei der Strukturierung der Anlage berücksichtigt werden. So haben zum Beispiel die konstruktiven Anlagenmodule und die vorhandenen Tausch- und Ersatzteile einen Einfluß auf die Struktur und den Detaillierungsgrad der Anlagenstruktur.

Eine technische Störung äußert sich häufig über eine Veränderung der Funktion einer Baugruppe oder eines Bauelements. Typische Funktionen an einer Werkzeugmaschine sind z.B. *Werkstück spannen* oder *Werkzeugschlitten verfahren*. Wenn eine solche Funktion nicht ausgeführt wird, so liegt eine technische Störung vor. Daher ist es für ein Diagnoseverfahren erforderlich, diese für den Produktionsprozeß wichtigen Funktionen zu erfassen. Hierzu sind von den Instandhaltungsexperten baugruppen- und bauelementspezifische Funktionen zu definieren und den zur Funktionserfüllung verantwortlichen Baugruppen und Bauelementen zuzuordnen.

---

[83] Standardbaugruppen und -elemente sind Teil des technischen Fachwissens der Instandhaltungsexperten, siehe Kapitel 7.2.1

[84] Zur Unterstützung des Ausbaus der Anlagenstruktur muß das wissensbasierte Diagnosesystem über geeignete DV-Funktionen verfügen, die das Neuanlegen, Kopieren, Verändern und Löschen von Baugruppen und -elementen auf einfache Weise ermöglichen.

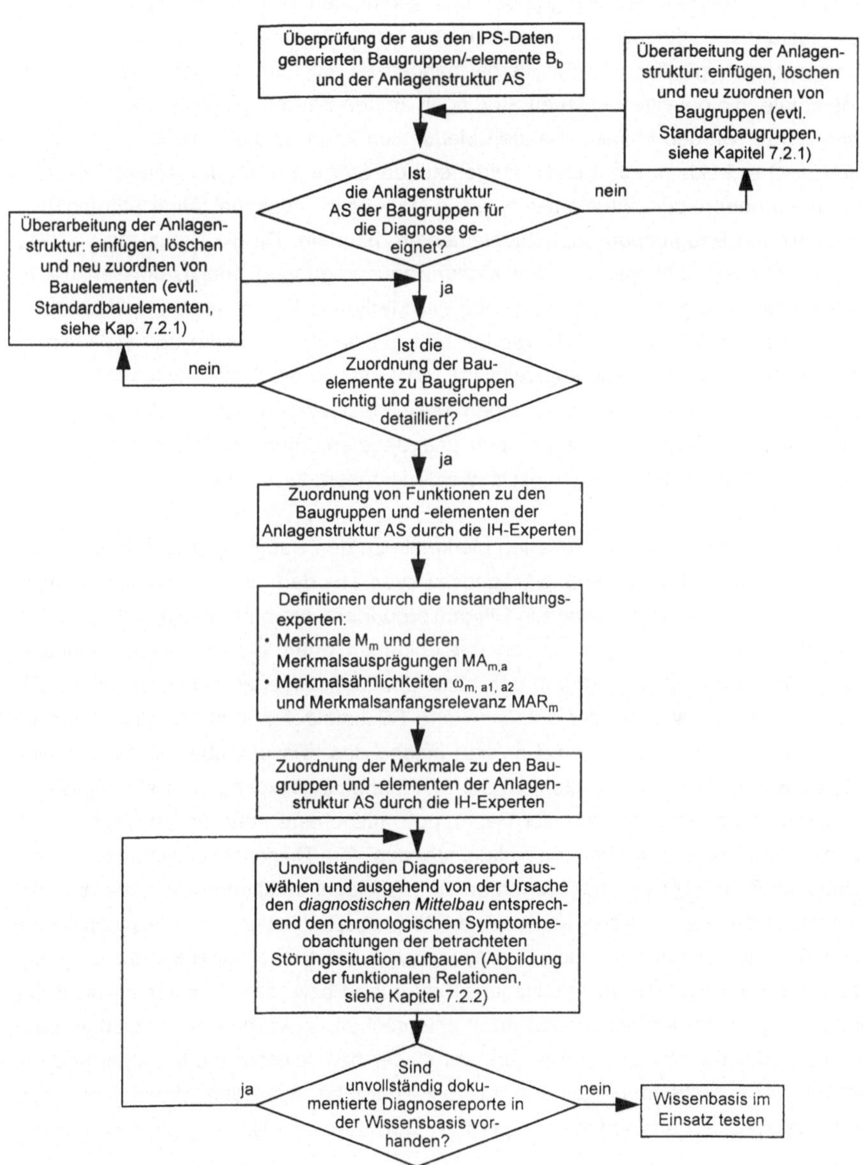

Abb. 7.1-5: Ausbau der Wissensbasis durch Instandhaltungsexperten

Nachdem eine geeignete Anlagenstruktur von den Instandhaltungsexperten erstellt und die Funktionen den Baugruppen und -elementen zugeordnet wurden, müssen die zustandsbeschreibenden Merkmale und deren Merkmalsausprägungen angegeben werden (vgl. Abb. 7.1-5). Hierbei handelt es sich um zustandsbeschreibende Merkmale, die bei verschiedenen Störungen an den Baugruppen oder Bauelementen beobachtet werden können. Bei den Merkmalen kann es sich sowohl um anlagenspezifische, bekannt aus bereits aufgetretenen Störungen an der Anlage, als auch um baugruppen- oder bauelementtypische Merkmale[85], bekannt durch Störungen an baugleichen Baugruppen oder Bauelementen, handeln. Da die Ermittlung von Störungsursachen abhängig von den Merkmalsausprägungen erfolgt, müssen die Instandhaltungsexperten bei der Eingabe der Merkmale M_m die jeweiligen Merkmalsausprägungen $MA_{m,a}$ angeben. Darüber hinaus sind bei der Definition der Merkmale die Werte der Merkmalsanfangsrelevanz MAR_m sowie die Ähnlichkeitswerte $\omega_{m,a1,a2}$ zwischen den Merkmalsausprägungen $MA_{m,a}$ festzulegen. Anschließend sind die Merkmale den jeweiligen Baugruppen und Bauelementen der Anlagenstruktur, an denen sie beobachtet oder gemessen werden können, zuzuordnen.

Nach der Zuordnung der definierten Merkmale zu den Baugruppen und Bauelementen der Anlagenstruktur, ist das Diagnosewissen aus den Instandsetzungsaufträgen des IPS-Systems, dokumentiert in Diagnosereporten, zu überarbeiten (vgl. Abb. 7.1-5). Hierzu wird die Diagnose, von der dokumentierten Ursache (Rückmeldetext, Schadenscode) ausgehend, von den Instandhaltungsexperten nachempfunden. Die verwendeten Ersatzteile, der dokumentierte Rückmeldetext und der Ursachencode sind dabei zu berücksichtigen. Um die Eingabe des Wissens über die funktionalen Relationen einfach zu gestalten, ist der Instandhaltungsexperte vom störungsverursachenden Bauelement bzw. der Baugruppe ausgehend über die physische Anlagenstruktur bis zu den obersten Anlagenebenen vom Diagnoseverfahren zu führen. Dabei muß ein vom Diagnoseverfahren vorgeschlagenes baugruppen- oder bauelementspezifisches Merkmal sowie eine störungsspezifische Merkmalsausprägung bestätigt oder, wenn noch nicht vorhanden, vom Instandhaltungsexperten eingegeben werden. Sollte die vorgeschlagene Baugruppe bzw. das Bauelement nicht der Erfahrung des Instandhaltungsexperten entsprechen, so kann er eine beliebige Baugruppe oder Bauelement auswählen, um dieser bzw. diesem ein Merkmal und die störungsspezifische Merkmalsausprägung zuzuordnen. Aus jedem Merkmal mit einer störungsspezifischen Merkmalsausprägung wird durch die Bestätigung des Instand-

---

[85] Baugruppen- und bauelementtypische Merkmale und deren Merkmalsausprägungen sind Teil des technischen Fachwissens der Instandhaltungsexperten, siehe Kapitel 7.2.1.

haltungsexperten ein Symptom des betrachteten Diagnosereports, siehe Abb. 7.1-6. Auf diese Weise wird aus einem für die Diagnose unzureichend dokumentierten Instandsetzungsauftrag des IPS-Systems ein ausreichend detaillierter und damit differenzierbarer Diagnosereport in der Wissensbasis. Die identifizierten Baugruppen und Bauelemente, die zugeordneten Symptome und insbesondere die Symptomverknüpfungen ermöglichen eine Reproduzierbarkeit der so dokumentierten technischen Störung.

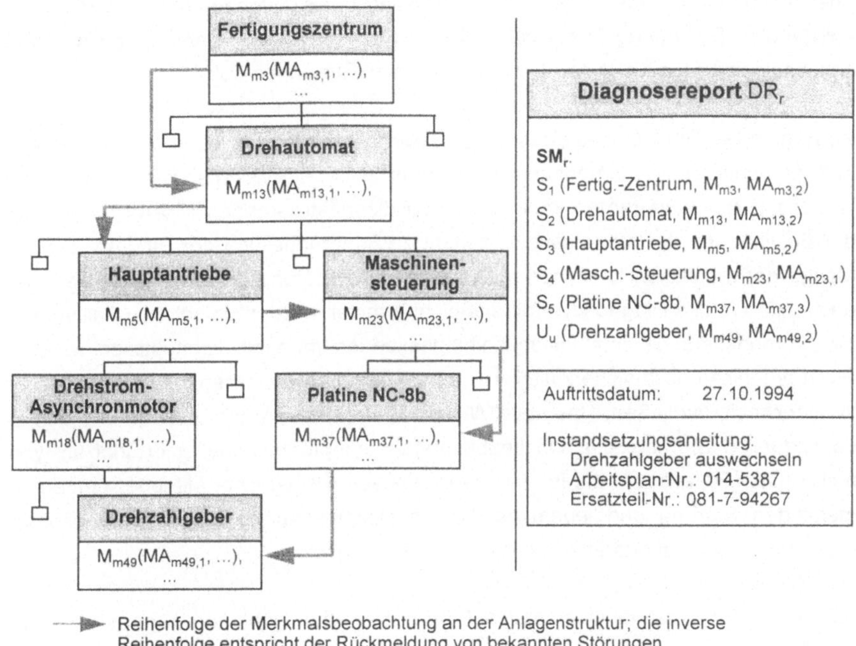

Abb. 7.1-6: Überarbeitung eines Instandsetzungsauftrags zu einem Diagnosereport

Die Akquisition und Eingabe einer expliziten Funktionsstruktur der Produktionsmaschinen ist nicht erforderlich, da die für die Diagnose wichtigen funktionalen Relationen durch die eingegebenen Symptomverknüpfungen implizit repräsentiert werden. Auch die Erhebung und Formulierung von Metawissen über das Vorgehen der Instandhaltungsexperten während der Diagnose ist nicht erforderlich, da auch dieses Wissen implizit in der chronologischen Verknüpfung der Symptome untereinander repräsentiert ist. Auf diese Weise wird der Wissensakquisitionsaufwand gegenüber bisherigen Ansätzen stark reduziert.

7.1.3 Pflege der Wissensbasis durch Instandhaltungsexperten

Nachdem die zweite Phase der Wissensakquisition abgeschlossen ist, kann das Diagnoseverfahren in der Praxis eingesetzt werden. Bevor jedoch eine breite Anwendung des Diagnoseverfahrens in der betrieblichen Praxis erfolgt, ist die Wissensbasis im praktischen Einsatz zu testen. Hierzu empfiehlt sich der Einsatz in einem ausgewählten Pilotanwendungsbereich. Eventuelle Fehler in der Wissensbasis können so ohne Akzeptanzverlust beim Anwender erkannt und beseitigt werden. Darüber hinaus kann neues Wissen in die Wissensbasis aufgenommen werden. Eine vollständige Einführung in die betriebliche Praxis erfolgt erst dann, wenn die Wissensbasis überarbeitet wurde und alle bekannten Störungen dokumentiert sind.

Zu Beginn der Einsatzphase des Diagnoseverfahrens kommt es immer wieder vor, daß die vorliegende Störungsursache noch nicht in der Wissensbasis dokumentiert ist. Das Diagnoseverfahren kann dann den diagnostizierenden Mitarbeiter nur bei der Bestimmung der störungsverursachenden Baugruppe und der Eingrenzung der Menge der möglichen Ursachen unterstützen. Die Störungsursache selbst kann jedoch mit Hilfe des Diagnoseverfahrens nicht ermittelt werden. In solchen Fällen muß die Störungsursache vom Instandhaltungsexperten manuell diagnostiziert werden. Es ist organisatorisch sicherzustellen, daß die dabei gewonnenen Erfahrungen in die Wissensbasis einfließen. Das neue Wissen besteht neben der Ursache und den in der aktuellen Störungssituation beobachteten Symptomen aus einer Vielzahl von funktionalen Relationen, die für weitere Diagnosen wichtig sind. Mit jeder neu dokumentierten Störung und jedem bestätigten Diagnoseablauf in der Wissensbasis steigt die Entscheidungsfähigkeit des Diagnoseverfahrens.

Bei der Dokumentation einer neuen Störungssituation geht der diagnostizierende Mitarbeiter von der von ihm erkannten Ursache aus. Diese Ursache muß in der Anlagenstruktur einer definierten Baugruppe oder Bauelement zugeordnet werden. Hierzu wird die betreffende Baugruppe oder das Bauelement selektiert und die Merkmale der Baugruppe oder des Bauelementes werden angezeigt (vgl. Abb. 7.1-7). Wenn ein Merkmal als Symptom bzw. Ursache bestätigt werden kann, wird von der betrachteten Baugruppe ausgehend die übergeordnete Baugruppe mit den zugeordneten Merkmalen und deren Merkmalsausprägungen vom Diagnoseverfahren vorgeschlagen. Der diagnostizierende Mitarbeiter kann nun eines der vorgeschlagenen Merkmal sowie eine störungsspezifische Merkmalsausprägung bestätigen. Wenn das Merkmal, welches er bei der Diagnose an dieser Baugruppe als Symptom beobachten konnte, noch nicht definiert ist, kann der Instandhaltungsexperte ein neues Merkmal eingeben und es anschließend als Symptom bestätigen.

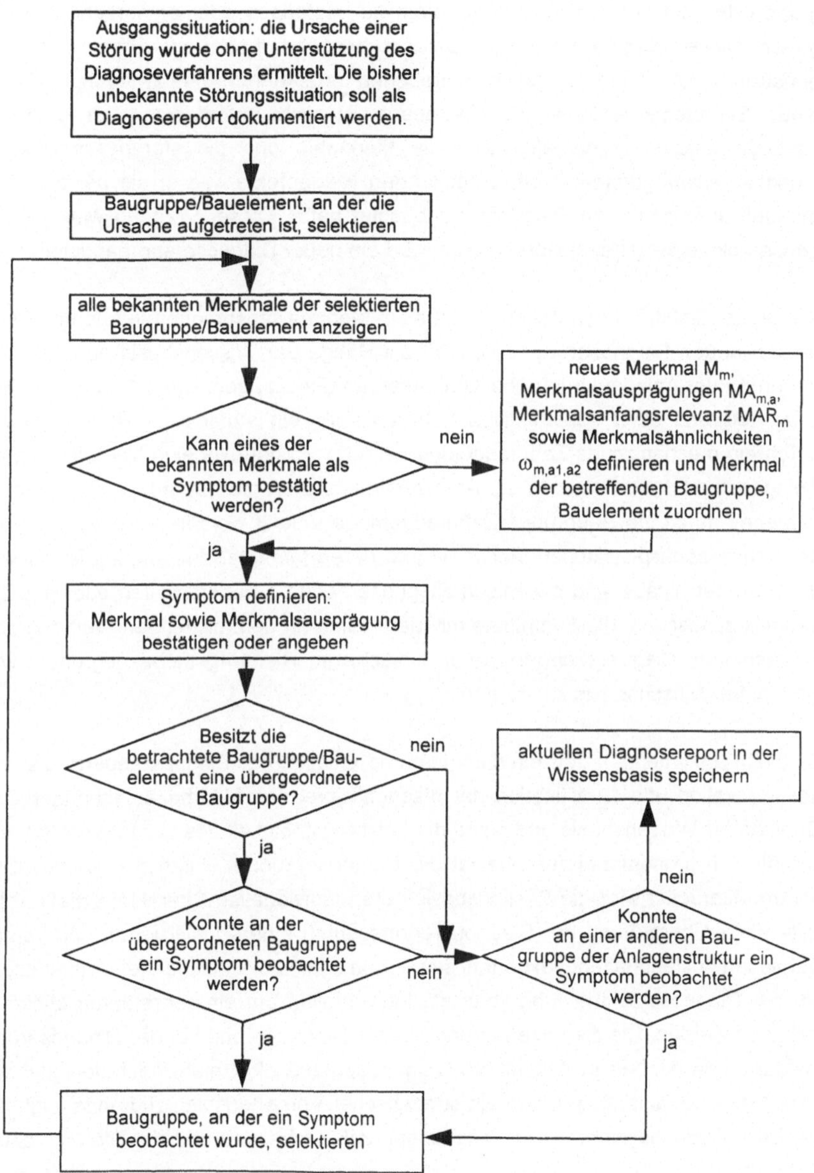

Abb. 7.1-7: Pflege der Wissensbasis am Beispiel eines neuen Diagnosereports

Darüber hinaus besteht die Möglichkeit, ein Merkmal einer beliebigen anderen Baugruppe der Anlagenstruktur als Symptom zu bestätigen oder entsprechend einzugeben. Dieser Vorgang ist von der Ursache ausgehend über alle Ebenen der Anlagenstruktur bis zu den oberen Strukturebenen fortzuführen. Eine zwingende Angabe eines Symptoms je Anlagenstrukturebene ist nicht erforderlich. Der diagnostizierende Mitarbeiter bestätigt also die Merkmale und die störungsspezifischen Merkmalsausprägungen in der umgekehrten Reihenfolge, wie er sie bei der zuvor manuell durchgeführten Diagnose beobachtet hatte. Dieser Vorgang wird als Diagnoserückmeldung bezeichnet. Hierbei wird ein neuer Diagnosereport angelegt.

Neben der Definition von neuen Merkmalen, Merkmalsausprägungen und der Eingabe von neuen Diagnosereporten gehört zur Pflege der Wissensbasis auch die Veränderung der Anlagenstruktur bei Umbauten an dem Diagnoseobjekt. Wird zum Beispiel aufgrund einer konstruktiven Schwachstelle ein stufenloses Riemengetriebe durch ein mechanisches Zahnradgetriebe ersetzt, so hat dies eine Veränderung der Anlagenstruktur zur Folge. In der Anlagenstruktur muß die Baugruppe des Riemengetriebes durch die Baugruppe Zahnradgetriebe ersetzt werden. Eine Veränderung der baugruppenspezifischen Merkmale und deren Merkmalsausprägung ist notwendig. Darüber hinaus sind diejenigen Diagnosereporte zu überarbeiten oder gegebenenfalls zu löschen, die Symptome mit Merkmalen an dem bisherigen Riemengetriebe enthalten. Diagnosereporte, deren Ursache im Riemengetriebe begründet war, sind in der Wissensbasis zu löschen.

Es bleibt anzumerken, daß die Quantität und Qualität der Diagnosereporte u.a. von der Motivation und Qualifikation der diagnostizierenden Mitarbeiter abhängen. Die Qualität der Wissensbasis und damit die Leistungsfähigkeit des Diagnoseverfahrens verhält sich proportional zur Qualität der Diagnosereporte. Durch die diagnostizierenden Mitarbeiter wird die Wissensbasis deren individuellen Charakter erhalten. Mit Hilfe einer Überprüfung der Diagnosereporte durch einen qualifizierten und verantwortlichen Instandhaltungsexperten sowie durch eine weitreichende Unterstützung bei der Diagnoserückmeldung kann die Individualität auf ein vertretbares Minimum reduziert werden. Die Benutzerführung bei der Diagnose und bei der Diagnoserückmeldung bewirkt, daß in Zukunft der Diagnoseprozeß nicht mehr nach der 'trial and error Methode' abläuft, sondern ein strategischer Vorgehensplan zugrunde liegt, der die Entscheidungssicherheit im Diagnoseprozeß verbessert und die Störungsdauer verkürzt.

7.2 Verfahrensschritt: Repräsentation von Diagnosewissen

Der Verfahrensschritt der Wissensrepräsentation beinhaltet die Abbildung des während der Wissensakquisition erfaßten Diagnosewissens in der Wissensbasis. Dabei muß das für die Diagnose erforderliche Wissen entsprechend dem Wissensrepräsentationsmodell abgebildet werden, so daß es für den Anwender des Diagnoseverfahrens einfach verständlich ist. Vorteil einer für den Instandhaltungsmitarbeiter verständlichen Wissensrepräsentation ist die Reduzierung des Pflegeaufwandes der Wissensbasis.

Da in Kapitel 7.1 die Wissensakquisition, bestehend aus dem Aufbau der Wissensbasis aus IPS-Daten sowie dem Ausbau und der Pflege der Wissensbasis durch Instandhaltungsexperten, unter Berücksichtigung der Wissensrepräsentation beschrieben ist, steht in diesem Kapitel die Abbildung des technischen Fach- und des diagnoseobjektspezifischen Erfahrungswissens im Vordergrund. Der Verfahrensschritt der Wissensrepräsentation unterteilt sich daher in zwei Phasen. Die erste Phase umfaßt die Abbildung des technischen Fachwissens in der Wissensbasis. Unter Fachwissen wird das allgemeine und damit das nicht anlagenspezifische Wissen verstanden. Es repräsentiert sich in der Kenntnis über technische Standardbaugruppen und deren Strukturen, Standardbauelementen und typische Merkmale sowie deren Merkmalsausprägungen.

Repräsentation von technischem Fachwissen

Repräsentation von Standardbaugruppen und deren physischen Strukturen, der baugruppen-/bauelementtypischen Merkmale, Merkmalsausprägungen, -anfangsrelevanzen und der Ähnlichkeitswerte

Repräsentation von anlagenspezifischem Erfahrungswissen

Repräsentation von anlagenspezifischen Merkmalen, Merkmalsausprägungen, Merkmalsanfangsrelevanzen, Ähnlichkeitswerten; Repräsentation anlagenspezifischer funktionaler Relationen; Definition von störungsspezifischen Diagnosereporten

---

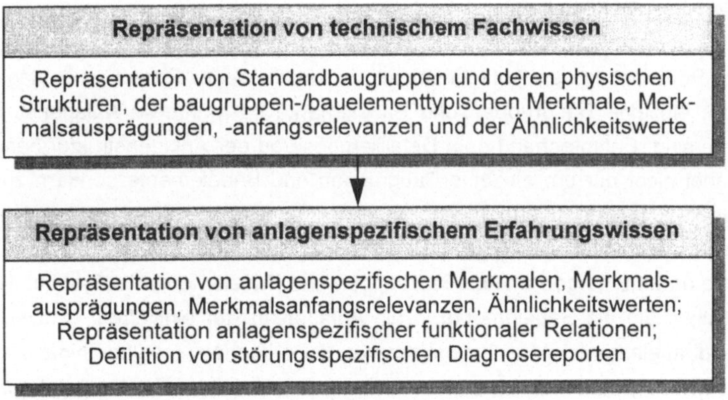

Abb. 7.2-1: Phasen der Wissensrepräsentation

In der zweiten Phase wird das anlagenspezifische Erfahrungswissen der Instandhaltungsexperten in der Wissensbasis abgebildet. Es stellt sich in Form von bekannten anlagenspezifischen Störungen und den Symptom-Ursachen-Relationen (funktionalen Relationen) dar, die von den Instandhaltungsexperten bei der Diagnose früherer technischer Störungen beobachtet wurden. Hierzu gehören auch anlagenspezifische Merkmale, deren Merkmalsausprägungen, die Ähnlichkeitswerte zwischen den Merkmalsausprägungen und die Merkmalsanfangsrelevanz.

7.2.1 Repräsentation von technischem Fachwissen

Ausschlaggebend für ein systematisches Vorgehen bei der Diagnose ist die Kenntnis über die physische Struktur der Anlage [Stur90]. Aufgrund der in einer Störungssituation beobachteten Symptome werden dabei eine oder mehrere Baugruppen oder Bauelemente als fehlerhaft erkannt oder für funktionsfähig befunden. Die funktionsfähigen Baugruppen werden vom weiteren Diagnoseprozeß ausgeschlossen. Ist das Wissen über die physische Anlagenstruktur nicht vorhanden, so kann der Instandhaltungsexperte die Anlagenstruktur aufgrund seines Fachwissens dennoch erfassen.

Entsprechend dem entwickelten Wissensrepräsentationsmodell wird die physische Anlagenstruktur in einer strengen Hierarchie, bestehend aus Baugruppen und Bauelementen, dargestellt. In der Wahl der Baugruppen und Bauelemente sowie in deren Anordnung innerhalb der Anlagenstruktur spiegelt sich ein Teil des Fachwissens des Instandhaltungsexperten wider. Somit kann eine Diagnose mit Hilfe des technischen Fachwissens erfolgen, obwohl noch kein Erfahrungswissen über das betrachtete Diagnoseobjekt vorliegt.

Bei der Betrachtung von Anlagenstrukturen verschiedener Produktionsanlagen fällt auf, daß einzelne Baugruppen und Bauelemente im mehreren Anlagenstrukturen vertreten sind. Entsprechend dem Detaillierungsgrad der Anlagenstruktur handelt es sich dabei nicht nur um einzelne Baugruppen und Bauelemente sondern zum Teil um ganze Äste der Anlagenstruktur. So ist zum Beispiel der Hauptantrieb einer Werkzeugmaschine meist aus den Baugruppen Elektromotor, Kupplung und Getriebe sowie deren untergeordneten Baugruppen und Bauelementen aufgebaut. Bei den Ersatzteilen, die als Bauelemente in die Anlagenstruktur einfließen, sind ebenfalls Standardbauelemente (Maschinenelemente) zu erkennen. Darüber hinaus können an diesen Baugruppen und Bauelementen immer wieder gleiche Merkmale und z.T. auch Merkmalsausprägungen beobachtet werden. Aufgrund der in Kapitel 6.2 definierten Elemente des Wissensrepräsentationsmodells ist es möglich, Standardbaugruppen und -bauelemente mit spezifischen Merkmalen und Merkmalsausprägungen zu definieren, die in mehreren Wissensbasen verschiedener Diagnoseobjekte genutzt werden können.

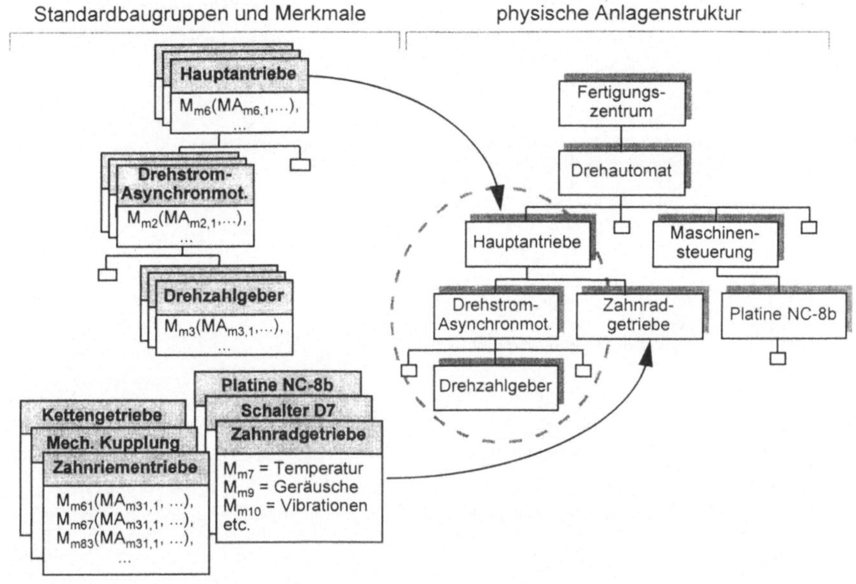

Abb. 7.2-2: Beispiel von Standardbaugruppen, -strukturen und Merkmalen

Bei fehlendem anlagenspezifischen Erfahrungswissen über störungsspezifische Symptom-Ursachen-Relationen ermöglicht die Anlagenstruktur eine systematische Vorgehensweise während des Diagnoseprozesses. Daher werden den Baugruppen und Bauelementen, entsprechend dem Wissensrepräsentationsmodell, spezifische Merkmale und Merkmalsausprägungen zugeordnet. Auf diese Weise wird das allgemeine, baugruppen- und bauelementspezifische Fachwissen in der Wissensbasis repräsentiert, vgl. Abb. 7.2-3. Beispiel: Schlupf als typisches Merkmal eines Keilriemengetriebes. Es liegt also nahe, das technische Fachwissen der Instandhaltungsexperten in sogenannten Standardbaugruppen und -bauelementen mit spezifischen Merkmalen und Merkmalsausprägungen zu repräsentieren. Somit können Wissensbasen mit technischem Fachwissen aufgebaut werden, die bei neuen Anwendungen des Diagnoseverfahrens den Wissensrepräsentationsaufwand reduzieren.

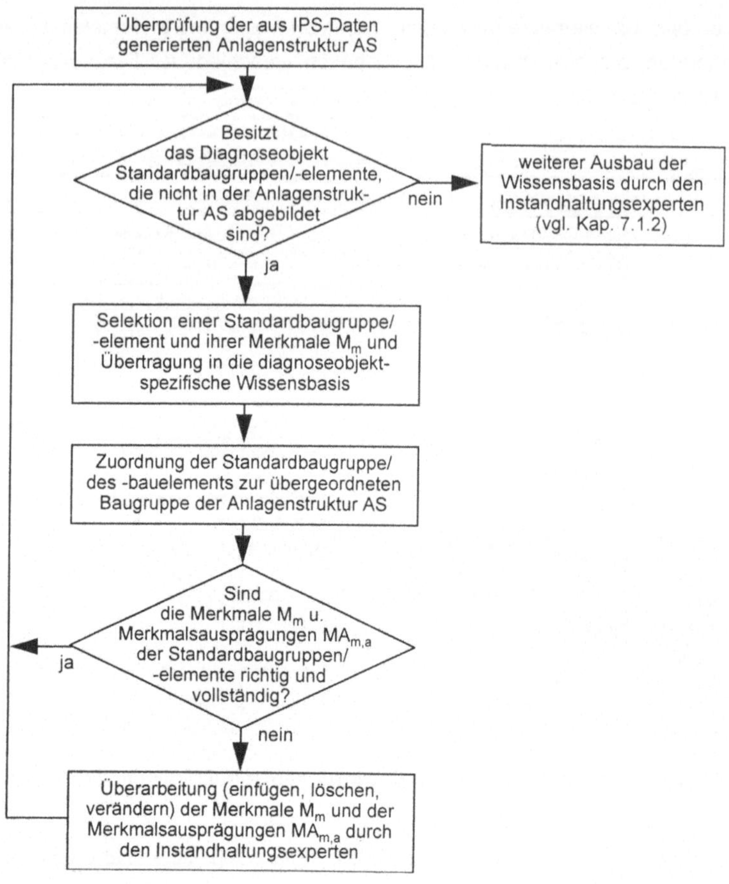

Abb. 7.2-3: Einfügen von Standardbaugruppen, -elementen in die Wissensbasis

Die Verknüpfung der baugruppen- und bauelementbezogenen Merkmale entlang der hierarchischen Relationen der Anlagenstruktur stellt jedoch noch kein ausreichend repräsentiertes Diagnosewissen dar. Das wichtigste und umfangreichste Wissen für die Diagnose von technischen Störungen ist das anlagen- und störungsspezifische Erfahrungswissen mit seinen funktionalen Relationen zwischen den in einer Störungssituation beobachtbaren Symptomen. Dies spiegelt sich in der Tatsache wider, daß mit zunehmendem Erfahrungswissen die bekannten funktionalen Relationen zwischen den Symptomen in den Vordergrund der Diagnose treten und das Wissen über die technische Anlagenstruktur eine untergeordnete Rolle einnimmt. Bekannte

Störungssituationen werden aufgrund des Erfahrungswissens der Instandhaltungs-experten und der beobachteten Symptome unmittelbar den entsprechenden Störungsursachen, weitgehend unabhängig von der physischen Anlagenstruktur, zugeordnet. Diese Zuordnung erfolgt beim Menschen aufgrund stereotypischer Erinnerungsmuster [Pupp87]. Daher führt erst die Repräsentation der in Störungssituationen auftretenden funktionalen Relationen, die nur zu einem geringen Teil den physischen Relationen der Anlagenstruktur entsprechen, zu einer für die Diagnose zufriedenstellenden Wissensrepräsentation. Diese Relationen stellen das anlagen- bzw. diagnosespezifische Erfahrungswissen der Instandhaltungsexperten dar.

7.2.2 Repräsentation von anlagenspezifischem Erfahrungswissen

Das diagnosespezifische Erfahrungswissen über eine Anlage besteht im wesentlichen aus den funktionalen Relationen, die während einer konkreten Störungssituation beobachtet werden können. Das Erfahrungswissen über eine technische Störung repräsentiert sich jedoch nicht in einer, sondern in einer Vielzahl unterschiedlicher funktionaler Relationen. Begründet ist dies zum einen darin, daß technische Systeme im Störungszustand eine Vielzahl von Symptomen aufweisen. Zum anderen besitzt jedes Symptom mindestens eine Ursache, wobei die Ursache selbst wiederum ein Symptom einer weiteren Ursache ist (Symptom-Ursachen-Kette). Die Praxis zeigt, daß eine technische Störung durch eine endliche Menge von Verhaltensabweichungen (sog. pathologischen Symptomen) beschrieben werden kann, die funktional miteinander verknüpft sind [Iser94].

Neben den funktionalen Relationen zwischen den störungsspezifischen Symptomen sind die anlagenspezifischen Merkmale M_m und deren Ausprägungen $MA_{m,a}$ für die Wissensverarbeitung erforderlich. Sie repräsentieren das Erfahrungswissen der Instandhaltungsexperten aus den Beobachtungen von Symptomen in früheren Störungssituationen. Darüber hinaus ist der Wert der Merkmalsanfangsrelevanzen MAR_m für die Wissensverarbeitung von Bedeutung. Er repräsentiert die Erfahrung des Instandhaltungsexperten und gibt an, wie häufig das Merkmal bisher in einer konkreten Störungssituation beobachtet werden konnte. Da die Bestimmung der Störungsursache u.a. auf der Betrachtung der Ähnlichkeiten von Merkmalsausprägungen $\omega_{m,a1,a2}$ zwischen den Symptomen der aktuellen Störungssituation und den Symptomen der Diagnosereporte basiert, repräsentiert sich auch in den Ähnlichkeitswerten das störungsspezifische Erfahrungswissen der Instandhaltungsexperten.

Entsprechend dem in Kapitel 6.2 beschriebenen Wissensrepräsentationsmodell dokumentiert ein Diagnosereport nicht nur die während einer technischen Störung beobachteten Symptom-Ursachen-Relationen (funktionale Relationen), sondern dokumentiert gleichzeitig das Vorgehen des Instandhaltungsexperten bei der Ermittlung der Störungsursache. Auf diese Weise repräsentiert die Abfolge der Symptome die zeitliche Vorgehensweise der Instandhaltungsexperten während der Diagnose. Der Diagnosereport ist somit ein Protokoll des realen Verhaltens des Instandhaltungsexperten und dessen Beobachtungen in einer konkreten Störungssituation. Das letzte Element in einem Diagnosereport beschreibt dabei den Fehler, der vom Instandhaltungsexperten als Ursache für die aufgetretene Störung angesehen wird.

Da ein einzelnes Symptom je nach vorliegender Störungssituation unterschiedliche funktionale Relationen zu anderen Symptomen besitzt, kann ein Symptom in mehreren Diagnosereporten mit unterschiedlichen Relationen vertreten sein. Somit ergibt sich ein komplexes Netz, bestehend aus einer Vielzahl von Symptomen und deren funktionalen Relationen, die in einer endlichen Anzahl von Diagnosereporten repräsentiert sind. Diagnosereporte stellen somit ein wesentliches Element zur Repräsentation von Erfahrungswissen dar. Die Menge aller Diagnosereporte wird als Report-Wissensbasis bezeichnet. Zu einer vollständigen Diagnose gehört neben den Symptomen und der Ursache auch die Maßnahme (Therapie) zur Beseitigung der Ursache. In der Praxis repräsentiert sich diese Maßnahme in Form einer Instandsetzungsanleitung.

Die Anzahl der funktionalen Relationen in einem Diagnosereport ist abhängig von der Art der technischen Störung, den dabei beobachteten Symptomen und der Qualifikation des diagnostizierenden Mitarbeiters. Daher kann es in der Praxis zu Diagnosereporten kommen, die den gleichen technischen Störungszustand mit unterschiedlichen Symptomen und damit mit unterschiedlichen funktionalen Relationen beschreiben. So können z.B. Symptome von einem Instandhaltungsexperten nicht, von einem anderen zufällig beobachtet und in den Diagnosereport eingetragen werden. Unterschiedliche und/oder unvollständige Diagnosereporte sind die Folge. Diese unterschiedlichen Ausprägungen der Diagnosereporte müssen von dem Wissensverarbeitungsverfahren berücksichtigt werden.

7.3 Verfahrensschritt: Verarbeitung des Diagnosewissens

Der Verfahrensschritt zur Wissensverarbeitung beruht auf dem in Kapitel 6.3 beschriebenen Wissensverarbeitungsmodell. Bei der Wissensverarbeitung ist zwischen dem Ablauf des Diagnoseprozesses, der Interaktion des diagnostizierenden Mitarbeiters mit dem Diagnosesystem und dem verfahrensinternen Ablauf zur Wissensverarbeitung, der Inferenz, zu unterscheiden. Dabei ist das Diagnosewissen derart zu verarbeiten, daß das reale Problemlösungsverhalten des Instandhaltungsexperten während des Diagnoseprozesses nachempfunden wird. Instandhaltungsexperten erinnern sich bei der Lösung eines Diagnoseproblems an vergleichbare frühere Diagnosesituationen und versuchen, bereits gefundene Lösungen gewinnbringend zur Lösung der neuen Diagnosesituation einzusetzen [Pupp87]. Daher wird im Diagnoseprozeß auf das Diagnosewissen von früheren, ähnlich gelagerten Störungssituationen, dokumentiert in Diagnosereporten, zurückgegriffen. Im folgenden wird sowohl der Ablauf des Diagnoseprozesses, als auch die Inferenz zur Verarbeitung des in der Wissensbasis repräsentierten Diagnosewissens erläutert.

7.3.1 Ablauf des Diagnoseprozesses

Ist eine technische Störungssituation eingetreten, muß zur Nutzung des reportbasierten Diagnoseverfahrens zuerst die Wissensbasis mit dem diagnoseobjektspezifischen Fach- und Erfahrungswissen in das Diagnosesystem geladen werden. Bevor die Inferenz die störungsspezifischen Symptomhypothesen generieren kann, muß ein geeigneter Diagnoseeinstieg ausgewählt und die für den Diagnoseprozeß erforderlichen Strategiefaktoren auf ihre Eignung überprüft werden, vgl. Abb. 7.3-1.

Die Auswahl eines geeigneten Diagnoseeinstiegs trägt der Tatsache Rechnung, daß der Instandhaltungsexperte neben seinem Erfahrungswissen insbesondere störungsspezifische Informationen zur Auswahl eines geeigneten Einstiegs in den Diagnoseprozeß nutzt. Oftmals sind zu Beginn der Diagnose Informationen über die aufgetretene Störung bekannt, die in Verbindung mit dem vorhandenen Erfahrungswissen eine schnellere Eingrenzung der Störungsursache ermöglicht. Der Instandhaltungsexperte wählt hierbei neben einem allgemeinen Diagnoseeinstieg über sogenannte Leitsymptome[86] insbesondere den baugruppen-, bauelement- oder funktionsbe-

---

[86] Unter Leitsymptomen werden diejenigen Symptome verstanden, die der obersten Baugruppe und damit der Gesamtanlage zugeordnet werden können (z.B.: Anlagenstillstand ohne Fehlermeldung).

zogenen Diagnoseeinstieg. Um diese unterschiedlichen Einstiegsmöglichkeiten in den Diagnoseprozeß zu ermöglichen, muß das in der Wissensbasis repräsentierte Diagnosewissen nach den genannten Gesichtspunkten für den Diagnoseprozeß eingeschränkt werden können. Ziel eines optimalen Wissensverarbeitungsverfahrens ist es, die Anzahl der vom Anwender zu überprüfenden Symptomhypothesen[87] und damit den Diagnoseaufwand zu minimieren. Folgende Einstiegsmöglichkeiten in den Diagnoseprozeß sind daher notwendig (vgl. Abb. 7.3-1):

- **Allgemeine Diagnose (Leitsymptome):** Hierbei steht dem diagnostizierenden Mitarbeiter das gesamte Diagnosewissen zur Verfügung. Von Vorteil ist, gerade bei wenigen bekannten Diagnosereporten, der Zugriff auf alle Symptome und Merkmale sowie die bestehenden Relationen. Durch die umfangreichen, im Diagnoseverlauf auszuschließenden Merkmale bzw. Symptome und Diagnosereporte steigt jedoch die Anzahl der Symptomüberprüfungen und damit der Diagnoseaufwand.

- **Baugruppen-, bauelementorientierte Diagnose:** Oftmals kann das Erscheinungsbild einer Störung direkt mit einer oder mehreren Baugruppen oder Bauelementen des Diagnoseobjektes in Verbindung gebracht werden. Vor Beginn der baugruppen-, bauelementorientierten Diagnose wählt der diagnostizierende Mitarbeiter eine beliebige Anzahl der bei der Diagnose zu berücksichtigenden Baugruppen oder Bauelemente aus. Im Diagnoseprozeß wird nur das Diagnosewissen berücksichtigt, welches über die baugruppen- und bauelementspezifischen Merkmale und deren Verknüpfungen in der Wissensbasis abgelegt ist. Eine schnelle Einschränkung auf die möglichen Störungsursachen ist somit gegeben.

- **Funktionsorientierte Diagnose:** Eine Störung tritt oftmals bei der Ausführung einer Funktion des Diagnoseobjektes oder dessen Baugruppen, Bauelementen auf. Mit der funktionsorientierten Diagnose ist es dem diagnostizierenden Mitarbeiter möglich, den Diagnoseprozeß auf ausgewählte Funktionen und die dazugehörigen Baugruppen und Bauelemente einzuschränken. Durch Angabe der beobachteten Funktionsstörung kann die Anzahl der Symptomüberprüfungen und damit der Diagnoseaufwand reduziert werden.

---

[87] Obwohl die Begriffe Hypothese und Wahrscheinlichkeit nicht in allen Punkten der exakten mathematischen Definition genügen, sollen diese Begriffe hier verwendet werden, vgl. [Bron84].

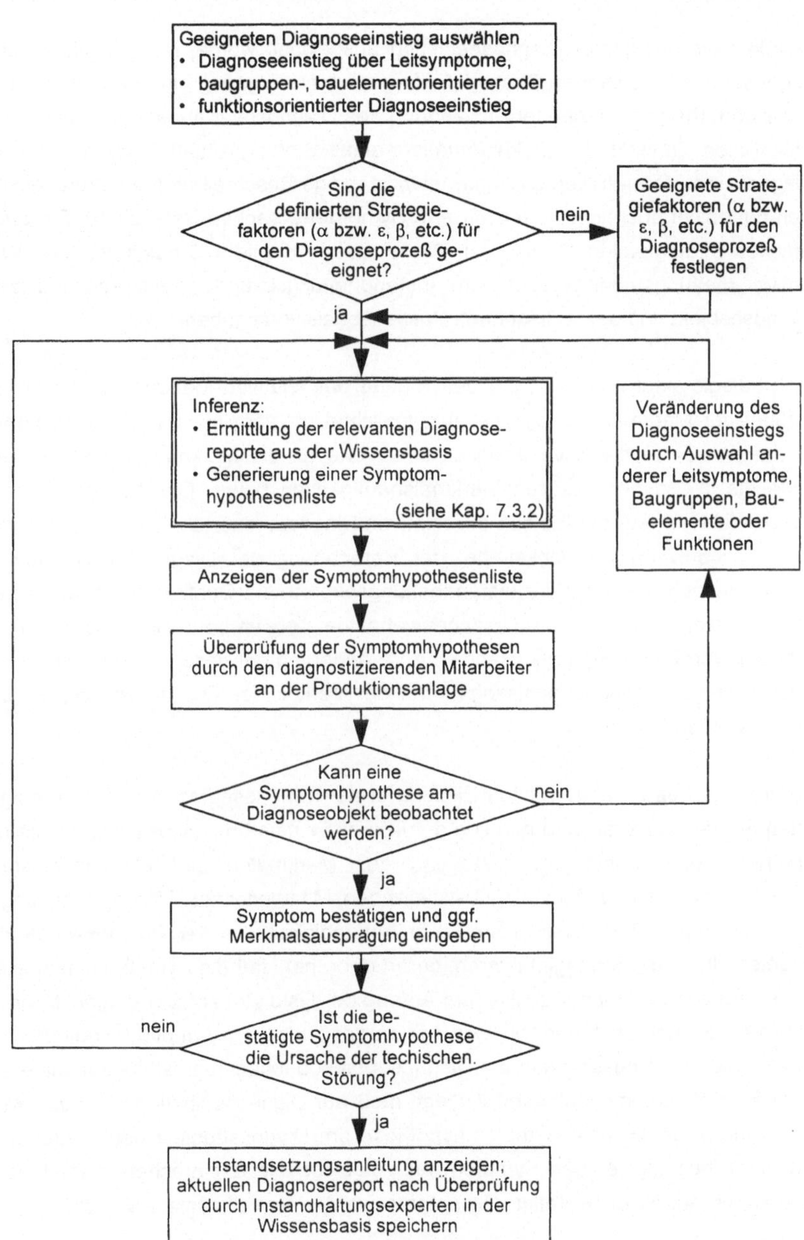

Abb. 7.3-1: Ablauf des Diagnoseprozesses

Nachdem ein geeigneter Diagnoseeinstieg ausgewählt wurde, müssen die für den Diagnoseprozeß definierten Strategiefaktoren auf ihre Eignung hin überprüft werden. Dies ist erforderlich, da bei der Anwendung des Diagnoseverfahrens mit einer unterschiedlichen Qualität der Dokumentation einer Störungssituation zu rechnen ist (Diagnosereporte enthalten z.B. eine unvollständige Beschreibung der Störungssituation oder nicht ausreichend spezifizierte Symptom-Ursachen-Relationen). Die erforderlichen Strategiefaktoren (α-, ε-, β-Werte) des in Kapitel 6.3 beschriebenen Wissensverarbeitungsmodells sind vom Instandhaltungsexperten entsprechend dem Diagnoseobjekt und der vorliegenden Wissensbasis vorzugeben.

Der Strategiefaktor α bzw. ε, der den Einfluß der relativen Merkmalshäufigkeit gegenüber der Merkmalsanfangsrelevanz gewichtet, ist vom Instandhaltungsexperten festzulegen, da er die Zuverlässigkeit der Werte für die Merkmalsanfangsrelevanz sowie die Werte der relativen Merkmalshäufigkeiten kennt. Gleiches gilt für den Strategiefaktor β, der den Einfluß der relativen Diagnosereportähnlichkeit gegenüber der Ursachenwahrscheinlichkeit bei der Berechnung der Diagnosereportrelevanz gewichtet. Auch hier kann der Instandhaltungsexperte die Qualität der dokumentierten Diagnosereporte bzw. die Ursachenwahrscheinlichkeit beurteilen und einen geeigneten Wert für β vorgeben. Durch eine Veränderung der beschriebenen Strategiefaktoren und des Diagnoseeinstiegs kann der Verlauf des Diagnoseprozesses beeinflußt werden.

Basierend auf dem ausgewählten Einstieg in den Diagnoseprozeß und den festgelegten Strategiefaktoren wird nun von der Inferenz eine störungsspezifische Liste mit hypothetischen Symptomen, bestehend aus Merkmalen und Merkmalsausprägungen, generiert und dem diagnostizierenden Mitarbeiter zur Überprüfung angezeigt (vgl. Abb. 7.3-1). Diese Liste ist in Abhängigkeit von der Diagnosestrategie, festgelegt durch die Strategiefaktoren, derart geordnet, daß die Symptomhypothesen mit der größten Wahrscheinlichkeit am Anfang der Liste stehen. Der diagnostizierende Mitarbeiter überprüft nun, ob eine der vorgeschlagenen Symptomhypothesen in der aktuellen Störungssituation am Diagnoseobjekt beobachtbar ist. Wenn keine der generierten Symptomhypothesen vorliegt, muß der Diagnoseeinstieg verändert werden. Kann hingegen eine Symptomhypothese am Diagnoseobjekt beobachtet werden, dann bestätigt er das Symptom und gibt ggf. die entsprechende Merkmalsausprägung an. Nicht bestätigte Symptome werden von der Inferenz nicht berücksichtigt.

Der Diagnoseprozeß entspricht somit dem Problemlösungsverhalten der Instandhaltungsexperten, die nach der Hypothesize-and-Test-Strategie vorgehen. D.h., es werden Verdachtsdiagnosen generiert, die anschließend gezielt überprüft werden. Auf diese Weise werden vom diagnostizierenden Mitarbeiter so lange Symptome überprüft und bestätigt, bis die Inferenz eine Symptomhypothese anzeigt, die die Ursache der technischen Störung darstellt. Stimmt die generierte Symptomhypothese mit der tatsächlich vorliegenden Ursache der aktuellen Störungssituation überein, so ist der eigentliche Diagnoseprozeß beendet. Kann eine Symptomhypothese nicht bestätigt werden, so werden alle Diagnosereporte, die dieses Symptom als Ursache besitzen, vom weiteren Diagnoseprozeß ausgeschlossen.

Nachdem die richtige Ursache bestimmt wurde, wird dem diagnostizierenden Mitarbeiter eine zur Behebung der Störungsursache spezifische Instandsetzungsanleitung angezeigt. Anschließend ist die aktuelle Störungssituation, dokumentiert durch die Symptome (störungsspezifische Merkmale und deren Merkmalsausprägungen), der Störungsursache und dem Zeitpunkt der Störung, als neuer Diagnosereport in die Wissensbasis aufzunehmen. Um Fehler im Diagnosereport und damit in der Wissensbasis zu vermeiden, ist der neue Diagnosereport von einem Instandhaltungsexperten zu überprüfen und ggf. zu verändern, bevor er in der Wissensbasis gespeichert wird. So wird vermieden, daß redundante Störungssituationen in unterschiedlich dokumentierten Diagnosereporten in die Report-Wissensbasis einfließen. Darüber hinaus wird die Häufigkeit aller innerhalb des Diagnoseprozesses als Symptom bestätigten Merkmale um 1 erhöht. Auf diese Weise wird der Erfahrungsregel der Instandhaltungsexperten Rechnung getragen.

7.3.2 Inferenz

Unter dem Begriff Inferenz bzw. Inferenzprozeß wird die Generierung von hypothetischen Symptomen aus der Wissensbasis verstanden. Die Inferenz gibt die Verarbeitung des Diagnosewissens entsprechend dem Wissensverarbeitungsmodell vor. Dabei ist der Ausgangspunkt für die Generierung der Symptomhypothesen eine im Ablauf des Diagnoseprozesses gemachte Beobachtung eines Symptoms und die Bestätigung oder Eingabe der störungsspezifischen Merkmalsausprägung. Entspricht das bestätigte Symptom nicht der gesuchten Ursache, so muß, entsprechend dem Wissensverarbeitungsmodell, zuerst eine Überprüfung der bekannten Diagnosereporte auf die Existenz des bestätigten Symptoms erfolgen (vgl. Abb. 7.3-2). Nachdem alle Diagnosereporte mit dem bestätigten Symptom aus der Wissensbasis selektiert wurden (Baugruppe bzw. Bauelement und Merkmal mussen identisch sein), werden die reportbezogenen a priori Auftretenswahrscheinlichkeiten der jeweiligen Ursache $UW(U_u)$ entsprechend der Formel (IX) und die reportbezogenen Ursachenvarianzen $UV^2(U_u)$ entsprechend der Formel (X) berechnet.

Anschließend werden für diejenigen Symptome der selektierten Diagnosereporte die Merkmalsähnlichkeitswerte $\omega_{m,a1,a2}$ bestimmt, deren Baugruppe bzw. Bauelement und Merkmal mit dem bestätigten störungsspezifischen Merkmal (Symptom) übereinstimmen. Die Ermittlung der Merkmalsähnlichkeitswerte $\omega_{m,a1,a2}$ erfolgt anhand der angegebenen Merkmalsausprägungen und je nach Merkmalsart nach den definierten Formeln (I) bis (III) des Wissensverarbeitungsmodells (siehe Kapitel 6.3). Die ermittelten Merkmalsähnlichkeitswerte $\omega_{m,a1,a2}$ werden anschließend mit dem Wert der jeweiligen Merkmalsrelevanz MR_m multipliziert. Dabei ergibt sich der Wert der Merkmalsrelevanz aus der jeweiligen Merkmalsanfangsrelevanz MAR_m und der entsprechenden relativen Merkmalshäufigkeit RMH_m entsprechend den Formeln (IV) und (V). Die reportbezogene Summierung der Produkte $\omega(S_v, S_w) \ast MR_{mw}$ ergibt die absoluten Diagnosereportähnlichkeiten $A\Omega_r$. Die Quotienten aus den jeweiligen absoluten Diagnosereportähnlichkeiten $A\Omega_r$ und der Summe der in einer aktuellen Störungssituation ASS bestätigten Symptome SAS stellen entsprechend der Formel (VII) die jeweiligen relativen Diagnosereportähnlichkeiten Ω_r dar (vgl. Abb. 7.3-2).

Nach der Berechnung der relativen Diagnosereportähnlichkeiten Ω_r müssen nun die reportbezogenen Relevanzen RDR_u der betroffenen Diagnosereporte nach Formel (XI) berechnet werden. Durch die Normierung der berechneten Relevanzen RDR_u der betroffenen Diagnosereporte auf das Intervall [0, 1] erhält man durch die induzierte Ordnung der reellen Zahlen eine Ordnung innerhalb der betrachteten Diagnosereporte DR_r. Dabei enthalten die Diagnosereporte mit den höchsten Relevanzwerten auch die wahrscheinlichsten Symptom- bzw. Ursachenhypothesen.

Bei der Ermittlung der Symptome mit den größten Auftretenswahrscheinlichkeiten aus den zu betrachtenden Diagnosereporten ist es sinnvoll, nur die Diagnosereporte zu betrachten, deren Relevanz einen vorher bestimmten Diagnosereportschwellenwert DRS überschritten haben. Der Schwellenwert DRS legt fest, ab welchem Relevanzwert ein Diagnosereport zur Generierung der Symptom- bzw. Ursachenhypothesen herangezogen werden soll. Dieser Schwellenwert muß sich aufgrund des damit verbundenen Wissensverarbeitungsaufwandes dynamisch an die Anzahl der zur Verfügung stehenden Diagnosereporte anpassen und soll vom Instandhaltungsexperten durch Eingabe eines Strategiefaktors γ verändert werden können.

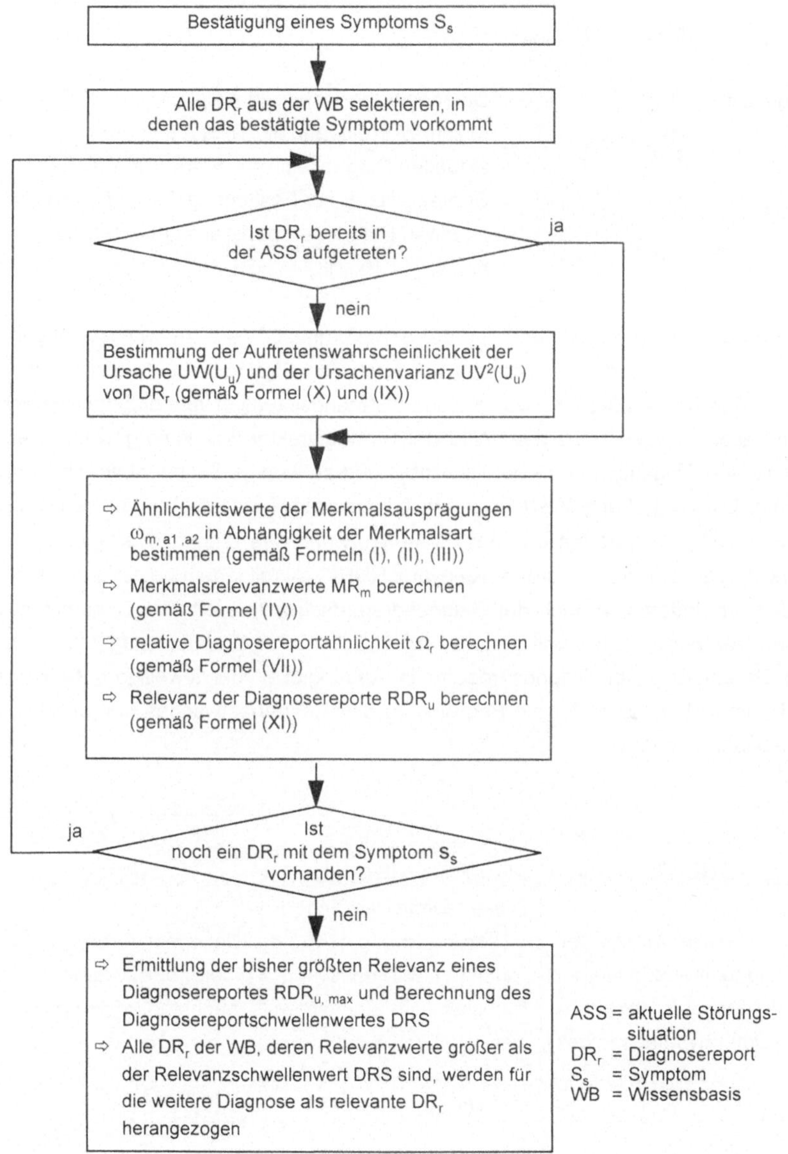

Abb. 7.3-2: Ermittlung der relevanten Diagnosereporte aus der Wissensbasis

Die Berechnungsformel für den Diagnosereportschwellenwert DRS lautet:

$$DRS = RDR_{u,\,max}\,(1 - \gamma) \qquad\qquad (XII)$$

wobei gilt:

DRS	=	Diagnosereportschwellenwert, $DRS \in [0, 1]$
$RDR_{u,\,max}$	=	maximale Relevanz der Diagnosereporte im aktuellen Diagnoseschritt, $RDR_{u,\,max} \in [0, 1]$
γ	=	Strategiefaktor zur Festlegung der zu berücksichtigenden Diagnosereporte aus der Wissensbasis, $\gamma \in [0, 1]$

Die Anzahl der bei der Generierung der Symptomhypothesen zu berücksichtigenden Diagnosereporte wird nach Formel (XII) durch den Strategiefaktor γ festgelegt. Dieser muß in Abhängigkeit der vorliegenden Störungssituation vom diagnostizierenden Mitarbeiter angegeben werden. Wird der Strategiefaktor γ zu klein gewählt, werden nur wenige Diagnosereporte berücksichtigt und zu wenige Symptomhypothesen generiert. Ein zu großer γ-Wert hingegen führt zu einer Vielzahl von zu berücksichtigenden Diagnosereporten und der Rechenaufwand des Diagnoseverfahrens würde stark steigen. Da sich die größte Relevanz $RDR_{u,max}$ mit jedem bestätigten Merkmal ändert, verändert sich auch der Diagnosereportschwellenwert. Die Gesamtzahl der Diagnosereporte kann somit gemäß Abb. 7.3-3 in drei Gruppen aufgeteilt werden. Die Gruppierung der Diagnosereporte in Abhängigkeit der jeweiligen Relevanzen RDR_u ist insbesondere für die Begrenzung des Rechenaufwandes bei großen Wissensbasen erforderlich.

DR's der Gruppe I: $1 \geq RDR_u \geq DRS$	DR's der Gruppe II: $DRS > RDR_u > 0$	DR's der Gruppe III: $DR_u = 0$
Aus dieser Menge der Diagnosereporte werden die Symptom- bzw. Ursachenhypothesen generiert.	Diese Menge der Diagnosereporte wird beim nächsten Inferenzschritt berücksichtigt. Es werden jedoch keine Symptomhypothesen aus dieser Menge generiert.	Diese Menge der Diagnosereporte wird bei dem nächsten Inferenzschritt nicht berücksichtigt.

Abb. 7.3-3: Gruppierung der Diagnosereporte während des Inferenzprozesses

Neben dem Diagnosereportschwellenwert DRS wird ein weiterer Schwellenwert für die automatische Generierung einer Ursachenhypothese eingeführt. Dieser Schwellenwert soll als Ursachenschwellenwert US bezeichnet werden und ist im Gegensatz zum Diagnosereportschwellenwert DRS statisch. Der Ursachenschwellenwert ist vor dem Diagnoseprozeß vom Instandhaltungsexperten festzulegen. Nachdem die Diagnosereporte der Gruppe I ($1 \geq RDR_u \geq DRS$) ermittelt wurden, werden die Relevanzwerte der einzelnen Diagnosereporte RDR_u mit dem Ursachenschwellenwert US verglichen. Ist die berechnete Relevanz eines oder mehrerer Diagnosereporte größer oder gleich dem Ursachenschwellenwert US, so wird die Ursache des betreffenden Diagnosereportes dem diagnostizierenden Mitarbeiter als Ursachenhypothese vorgeschlagen.

Wird der Ursachenschwellenwert zu klein festgelegt, werden zu frühzeitig viele Ursachenhypothesen generiert, die dann vom diagnostizierenden Mitarbeiter überprüft werden müssen. Ein zu hoher Wert führt dazu, daß unnötig viele Symptome überprüft werden müssen. Daher ist der Ursachenschwellenwert in Abhängigkeit der jeweiligen Störungssituation und dem Stand der Diagnose vom diagnostizierenden Mitarbeiter festzulegen bzw. zu verändern.

Wenn alle Relevanzwerte der Diagnosereporte RDR_u kleiner als der Ursachenschwellenwert US oder die generierten Ursachenhypothesen falsch sind, so generiert die Inferenz neue Symptomhypothesen und schlägt diese dem diagnostizierenden Mitarbeiter zur Überprüfung am Diagnoseobjekt vor. Bei der Generierung der Symptomhypothesen sind neben den funktionalen Relationen auch die physischen Relationen zu beachten. Da im Wissensrepräsentationsmodell jedes Merkmal und damit jedes Symptom einer Baugruppe oder einem Bauelement der Anlagenstruktur zugeordnet ist, verweist das zuletzt bestätigte Symptom auf eine Menge von Merkmalen, die den in der physischen Anlagenstruktur untergeordneten Baugruppen bzw. Bauelementen der aktuell betrachteten Baugruppe zugeordnet sind. Mit dieser Zuordnung wird der physischen Relation zwischen den Baugruppen und Bauelementen Rechnung getragen.

Um auch die für den Diagnoseprozeß wichtigen funktionalen Relationen zu berücksichtigen, werden die in den Diagnosereporten chronologisch dokumentierten Symptome herangezogen. Die Generierung der Symptomhypothesen erfolgt in drei Inferenzschritten (vgl. Abb. 7.3-4).

- Inferenzschritt 1: Zuerst wird von der Inferenz eine Menge von Symptomhypothesen generiert, die sowohl auf dem Wissen über die Anlagenstruktur, als auch auf dem Erfahrungswissen, repräsentiert in den Diagnosereporten, basiert. Hierzu wird zwischen den Merkmalen der direkt untergeordneten Baugruppen und Bauelemente der aktuellen Symptombeobachtung und den Merkmalen der Symptome der Diagnosereporte eine Schnittmenge gebildet. Sollten keine untergeordneten Baugruppen oder Bauelemente existieren, so wird direkt der Inferenzschritt 3 aktiviert. Die generierten Symptomhypothesen werden vom Wissensverarbeitungsverfahren dem diagnostizierenden Mitarbeiter zur Überprüfung vorgeschlagen. Sollte keine Schnittmenge vorliegen oder keine der vorgeschlagenen Symptomhypothese beobachtet werden, wird der Inferenzschritt 2 aktiviert.

- Inferenzschritt 2: Die Menge der Symptomhypothesen des zweiten Inferenzschrittes setzt sich aus den Merkmalen der direkt untergeordneten Baugruppen und Bauelemente der aktuellen Symptombeobachtung zusammen, die keine Schnittmenge mit den Merkmalen der Symptome der Diagnosereporte besitzen. Voraussetzung ist, daß mindestens eine untergeordnete Baugruppe oder Bauelement mit Merkmalen existiert. Wenn keine untergeordneten Baugruppen oder Bauelemente vorliegen, oder diese keine Merkmale besitzen, so wird der Inferenzschritt 3 durchgeführt. Das gleiche erfolgt, wenn in diesem Inferenzschritt keine der generierten Symptomhypothesen am Diagnoseobjekt beobachtet werden kann.

- Inferenzschritt 3: Die Symptomhypothesen des dritten Inferenzschrittes ergeben sich aus den Merkmalen der Symptome, die in den Diagnosereporten der Gruppe I dokumentiert sind (vgl. Abb. 7.3-3) und keine Schnittmenge mit den Merkmalen der direkt untergeordneten Baugruppen oder Bauelemente der aktuellen Symptombeobachtung besitzen. Dabei werden jedoch nicht alle Symptome aus den Diagnosereporten ausgewählt, sondern nur eine vom Instandhaltungsexperten festgelegte Anzahl an Folgesymptomen[88] je Diagnosereport.

Wenn auch im dritten Inferenzschritt keine Symptomhypothese bestätigt oder generiert werden kann, so muß ein neuer Diagnoseeinstieg durch Auswahl weiterer Leitsymptome, Baugruppen bzw. Bauelemente oder Funktionen erfolgen.

---

[88] Folgesymptome sind die dem zuletzt bestätigten Symptom im Diagnosereport chronologisch folgenden Symptome.

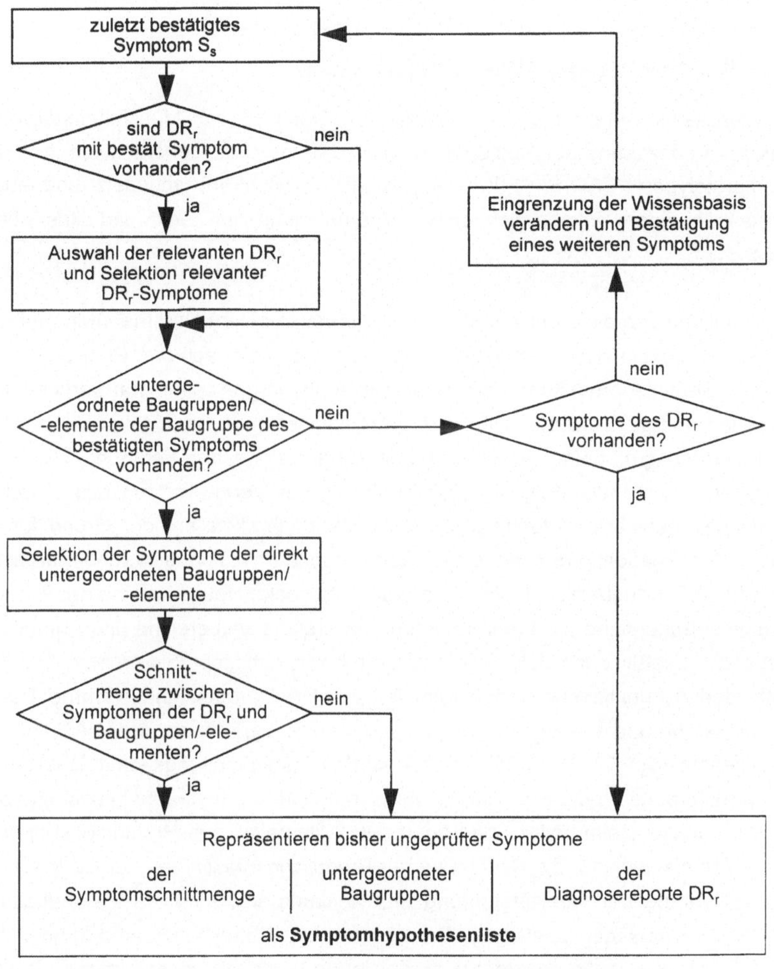

Abb. 7.3-4: Generierung der Symptom-Hypothesen-Liste

Der Erfolg der Wissensverarbeitung ist abhängig von der Quantität und der Qualität der Wissensbasis. Wenn in einem der drei Inferenzschritte dem diagnostizierenden Mitarbeiter eine Symptomhypothese angeboten wird, die er am Diagnoseobjekt beobachten kann, so erfolgt nach der Bestätigung der Symptomhypothese der nächste Inferenzablauf. Diese Inferenzschleife erfolgt so lange, bis die Störungsursache eingegrenzt oder bestimmt ist.

8.   Anwendung des Verfahrens

Das entwickelte Verfahren zur reportbasierten Diagnose von Maschinenstörungen wurde zur Verifizierung der Nutzenpotentiale sowie der Funktionsfähigkeit in einem Systemprototypen ("FADIS^{++}") [WinX95], [WinC95], [WinF95] umgesetzt und einem Praxistest in einem Pilotbereich eines Unternehmens der Elektroindustrie unterworfen.

Zur Herstellung von elektronischen Geräten wurden in einem Unternehmen mehrere getaktete Produktionslinien eingesetzt. Die Produktion war nach den Prinzipien einer strengen Fließlinienproduktion aufgebaut. Die Aufbauorganisation war verrichtungszentralisiert und die Verantwortung bzgl. Produktionsmenge, -qualität sowie der Maschinenverfügbarkeit oblag den zentral organisierten Bereichen Fertigung, Qualitätsmanagement und Instandhaltung. Die Trennung der Verantwortung bzgl. Produktionsmenge, -qualität und technischer Anlagenverfügbarkeit war der Grund für erhebliche Koordinationsprobleme, eine unzureichende Produktqualität und eine mangelnde Prozeßverfügbarkeit. Durch eine organisatorische Neugestaltung der Produktion in prozeßorientierte, weitgehend autonome Produktionsbereiche und Aufhebung der strengen Fließlinienproduktion konnten die Koordinationsprobleme zwischen den verschiedenen Funktionsbereichen reduziert werden. Darüber hinaus wurde Teamarbeit eingeführt und eine dezentrale Anlagen- und Prozeßverantwortung (DAPV) vor Ort aufgebaut [Sihn94] [WiSt95]. Hierzu wurden Instandhaltungs- und Qualitätssicherungsmitarbeiter in die Produktionsteams integriert und Instandhaltungsaufgaben an die Produktionsmitarbeiter übertragen. Die Mitarbeiter des Produktionsbereichs sind als Team sowohl für die Bedienung der Produktionsmaschinen, für die Maßnahmendurchführung der Qualitätsprüfung und -lenkung sowie für die Instandhaltung der Produktionsanlagen zuständig. Die dezentralen Produktionsteams können bei Bedarf die Unterstützung des zentral organisierten Dienstleistungszentrums Instandhaltung anfordern. Der zentrale Instandhaltungsbereich ist ein Ressourcenpool für fehlendes Know-how, Personalkapazität oder Betriebsmittel der Produktionsteams vor Ort.

Die gesamte Wertschöpfungskette wurde in vier Produktionsbereiche unterteilt. Zur Herstellung von elektronischen Leiterplatten wurde u.a. ein Produktionsbereich mit 68 Mitarbeitern und sechs Bestückungslinien aufgebaut. Die elektronischen Leiterplatten stellen eine Baugruppe des Endproduktes dar und werden vom Produktionsteam in die Endmontage geliefert. Der Bestückungsprozeß der Leiterplatten ist ein komplexer und zeitkritischer Produktionsprozeß. Aufgrund der Prozeß- und Anlagenkomplexität kommt es beim Auftreten von maschinenbedingten Störungen immer wieder zu einer Vielzahl von fehlerhaften Leiterplatten und langen Stillstandszeiten der Produktionsanlagen. Insbesondere der Radialbestückungsprozeß mit etwa einhundert Bestückungsvorgängen pro Minute führt zu häufigen Prozeßstörungen und stellt den Produktionsengpaß in der Produktionslinie dar. Zur schnellen Behebung von technischen Prozeßstörungen ist das Fach- und Erfahrungswissen der Instandhaltungsexperten (Techniker) aus dem Dienstleistungszentrum Instandhaltung erforderlich. Die Instandhaltungsexperten stehen dem Produktionsteam jedoch nicht in ausreichender Anzahl und nicht permanent zur Verfügung (Nacht- und Wochenendschichten), so daß es zu erheblichen störungsbedingten Stillstandszeiten und damit zu Fehlmengen für die Endmontage kommt. Den Instandhaltungs- und Produktionsmitarbeitern des Produktionsteams das Diagnosewissen der Instandhaltungsexperten zu vermitteln, ist aus wirtschaftlichen Gründen nicht realisierbar. Die auftretenden Prozeßstörungen verursachen daher Qualitätsprobleme und eine unzureichende Ausbringungsmenge.

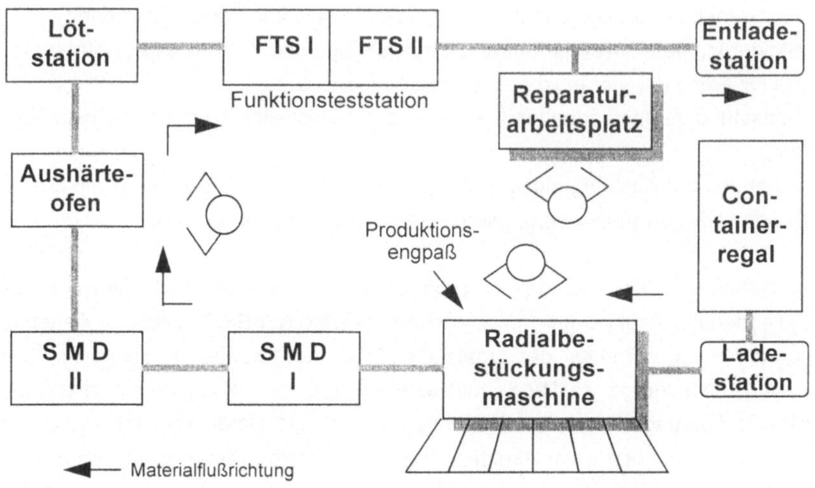

Abb. 8-1: Eine von sechs Linien zur Bestückung von Leiterplatten eines Produktionsteams

Eine Analyse der auftretenden Prozeßstörungen am Radialbestückungsprozeß (Produktionsengpaß) ergab, daß die Mehrzahl der Störungen Einsetzfehler der Bestückungsmaschine sind. Dabei kommen mehr als 140 verschiedene Ursachen in Frage. Diese verteilen sich auf über 46 komplexe Anlagenbaugruppen. Insbesondere die räumliche und zeitliche Trennung zwischen den beobachtbaren Symptomen und den tatsächlichen Ursachen, die bei komplexen Produktionsprozessen häufig auftritt, erschweren die Diagnose. Das Ergebnis einer durchgeführten Prozeß- und Störanalyse war, daß eine Vielzahl von maschinenspezifischen Ursachen nicht nur zu einer Funktionsstörung der Maschine, sondern zu Qualitätsverlusten am Produkt führen.

Um den Produktions- und Instandhaltungsmitarbeitern des Produktionsbereichs das erforderliche Diagnosewissen für eine sichere und schnelle Erfassung der Störungsursachen zur Verfügung zu stellen, wurde das reportbasierte Diagnosesystem FADIS[++] eingeführt. Die Ziele waren:

- Bereitstellung von Diagnosewissen in dezentralen Produktionsbereichen zur schnellen und sicheren Ursachenbestimmung von technischen Prozeß- und Anlagenstörungen.
- Zusammenfassung, Aufbereitung und Sicherung des prozeß- und maschinenbezogenen Diagnosewissens der verschiedenen Instandhaltungsexperten.
- Steigerung der Prozeßverfügbarkeit durch Steigerung der Prozeßstabilität und Reduzierung der störungsbedingten Stillstandszeiten.
- Entlastung der Instandhaltungsexperten des Dienstleistungszentrums Instandhaltung.
- Erhöhung der Ausbringungsmenge je Zeiteinheit sowie die Unterstützung des kontinuierlichen Verbesserungsprozesses durch Ursachenanalysen.

Zum Aufbau der Wissensbasis des reportbasierten Diagnoseverfahrens wurden die im Instandhaltungsplanungs- und -steuerungssystem (IPS-System) vorliegenden Daten der Anlagenstruktur, der Ersatzteile (Stücklisten) sowie 247 gespeicherte Instandsetzungsaufträge via DV-Schnittstelle und Induktionskomponente in die Wissensbasis übertragen. Im Anschluß daran wurden die Daten von den Instandhaltungsexperten in Form einer direkten Wissensakquisition überarbeitet und ergänzt. Um eine praxisgerechte Diagnose zu gewährleisten, war es notwendig, die Anlagenstruktur durch entsprechende Baugruppen und Bauelemente und deren spezifische Merkmale aus dem Erfahrungsschatz der Instandhaltungsexperten oder aus vorhandenen Anlagendokumentationen zu ergänzen. Abbildung 8-2 zeigt beispielhaft die Oberfläche des Diagnosesystems zum Ausbau und Pflege der Anlagenstruktur, die ein Teil der Dialogkomponente zur direkten Wissensakquisition darstellt.

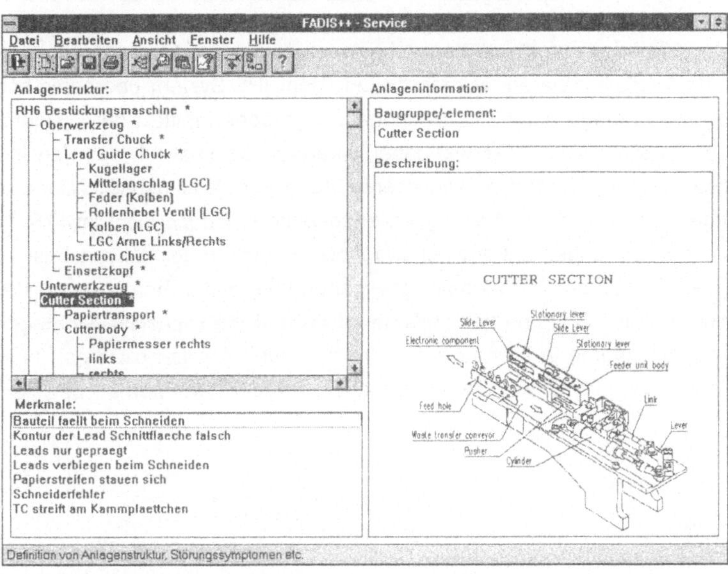

Abb. 8-2.: FADIS++ Oberfläche zum Ausbau und Pflege der Anlagenstruktur

Eine Betrachtung der definierten Merkmale ergab, daß von den Instandhaltungsexperten vorwiegend Merkmale zur Diagnose herangezogen werden, die mit geringem Aufwand zu prüfen und eindeutig identifizierbar sind. Daraus ergab sich ein relativ hoher Anteil mehrwertig-nominaler (47%) und mehrwertig-ordinaler (32%) Merkmale (vgl. Abb. 8-3).

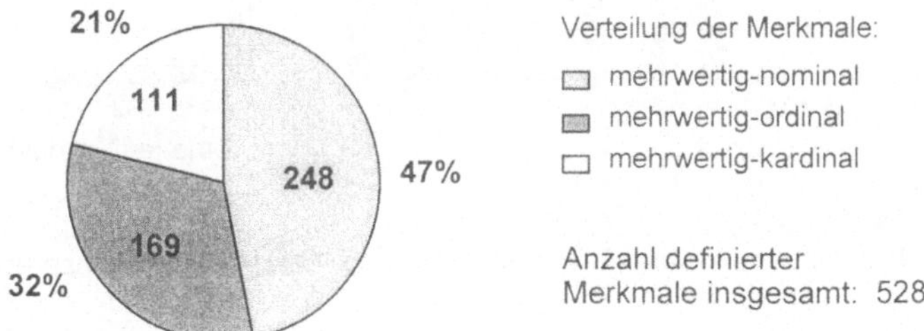

Abb. 8-3: Anzahl und Art der definierten Merkmale zur Zustandsbeschreibung

Nachdem die baugruppen- und bauelementspezifischen Merkmale zur Zustandsbeschreibung festgelegt waren, wurden die aus dem IPS-System übernommenen Instandsetzungsaufträge durch die Instandhaltungsexperten mittels der Dialogkomponente überarbeitet. Ausgangspunkt dabei waren die automatisch aus den Instandsetzungsaufträgen generierten Diagnosereporte in der Wissensbasis. Darüber hinaus wurden von den Instandhaltungsexperten weitere, jedoch nicht im IPS-System dokumentierte Störungen in Form von Diagnosereporten in der Wissensbasis eingegeben. Das Wissen der Instandhaltungsexperten über diese Störungen entstammte aus praktischen Erfahrungen und umfaßte im wesentlichen spezielle Störungen. Die Anzahl der Symptome je Diagnosereport reicht dabei von drei bis dreizehn, wobei die meisten Diagnosereporte zwischen fünf und sieben Symptomen besitzen (vgl. Abb. 8-4).

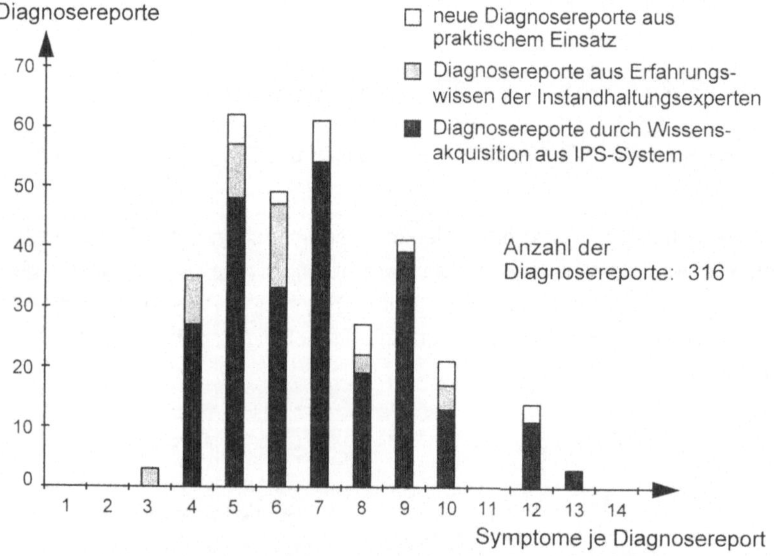

Abb. 8-4: Symptomanzahl je Diagnosereport und Anzahl der Diagnosereporte

Der Aufwand zur Datenübertragung aus dem IPS-System in die Wissensbasis sowie die Überarbeitung dieser Daten durch die Instandhaltungsexperten betrug siebzehn Manntage. Dabei wurde ein verantwortlicher Instandhaltungsexperte zeitweise durch drei weitere Instandhaltungsexperten und einen Servicetechniker des Anlagenherstellers unterstützt. Die Überarbeitung der Daten erfolgte dabei, nach einer eintägigen Schulung der Instandhaltungsexperten bzgl. Aufbau und Funktionalität des Diagnosesystems FADIS[++], durch die Instandhaltungsexperten selbst. Ein Wissensingenieur war nicht erforderlich. Auch der Ausbau und das Testen der Wissensbasis wurde von den Instandhaltungsexperten und weiteren Instandhaltungsmitarbeitern eigenständig durchgeführt. Der größte Aufwand innerhalb dieser Phase entstand durch die Erstellung und Einbindung von Instandsetzungsanleitungen aus den Unterlagen der Maschinendokumentation.

Nach Aufbau und Test der Wissensbasis wurden jeweils zwei Instandhaltungsmitarbeiter des Produktionsteams pro Arbeitsschicht in den Funktionsumfang des Diagnosesystems eingewiesen. Da die Fehlerdiagnose in Form eines interaktiven Dialogs zwischen dem Systembenutzer und dem Diagnosesystem FADIS[++] erfolgt, betrug der Einweisungsaufwand nur zwei Stunden. Das Diagnosesystem wurde auf einem tragbaren Computer installiert und dem Produktionsteam vor Ort zur Nutzung übergeben. Ein Anfangsproblem bei der praktischen Anwendung war, daß die Merkmalsbeschreibungen nicht für alle Teammitarbeiter gleichermaßen verständlich waren. Daher wurden die Merkmale mit einem zusätzlichen Freitext zur Beschreibung versehen. Zur effektiven Diagnose werden dem Benutzer von FADIS[++] drei verschiedene Diagnoseeinstiegsmöglichkeiten angeboten:

- Diagnoseeinstieg über sogenannte Leitsymptome (z.B. Einsetzfehler); keine Einschränkung der Wissensbasis.
- Baugruppen- und bauelementorientierte Diagnose; die Wissensbasis ist auf ausgewählte Anlagenbaugruppen und Bauelemente eingegrenzt.
- Funktionsorientierte Diagnose; die Wissensbasis ist auf ausgewählte Funktionen und deren Baugruppen und Bauelemente begrenzt.

Dem Anwender des Diagnosesystems werden nach Auswahl eines geeigneten Diagnoseeinstiegs mehrere in der Wissensbasis gespeicherte Symptome vom Wissensverarbeitungsverfahren zur Überprüfung vorgeschlagen. Zu den Symptomen können weitere Detailinformationen dargestellt werden. Wenn das vorgeschlagene Symptom an der Anlage beobachtet werden kann, wird es vom Mitarbeiter des Produktionsteams im Diagnosesystem bestätigt. Das reportbasierte Diagnoseverfahren ermittelt dann mit Hilfe der implementierten Inferenz weitere Symptome aus der Wissensbasis. Diese werden erneut dem Systembediener zur Überprüfung vorgeschlagen. Nach einigen Diagnoseschritten wird die Ursache der Störung vom Diagnosesystem angezeigt. Eine Anleitung zur Behebung der technischen Störung mit allen notwendigen Informationen kann auf dem Bildschirm dargestellt werden. Hierzu wurden auch eingescannte Explosionszeichnungen verwendet. Neben dem schnellen Aufbau der Wissensbasis, basierend auf der Datenübernahme aus dem IPS-System, wurde die gute Dialogführung des Benutzers und die einfache Eingabemöglichkeit von neuen Diagnosereporten von den Systemanwendern und den Instandhaltungsexperten als besonders hilfreich beurteilt. Darüber hinaus wurde die Möglichkeit zur Beeinflussung der Diagnosestrategie begrüßt.

Im Verlauf einer achtmonatigen Erprobungsphase wurde das Diagnosesystem bei mehr als 483 aufgetretenen technischen Störungen zur Ermittlung der Störungsursache herangezogen. Aufgrund des im System repräsentierten Diagnosewissens konnte in 63 Prozent aller aufgetretenen Störungen die richtige Störungsursache erfolgreich diagnostiziert werden. Darüber hinaus konnte bei 26 Prozent aller Störungen die gestörte Baugruppe oder das Bauelement eingegrenzt und mehrere mögliche Ursachenhypothesen vom Diagnosesystem vorgeschlagen werden. Eine der Ursachenhypothesen entsprach dabei der tatsächlich vorliegenden Ursache. Das bedeutet, daß in 89 Prozent aller Störungen (341 Störungen) die vom reportbasierten Diagnoseverfahren ermittelten Ursachenhypothesen zutrafen. Nur bei sieben Prozent der Störungen konnte aufgrund von fehlendem Diagnosewissen oder falschen Symptombestätigungen keine Störungsursache vorgeschlagen werden. In vier Prozent der Störungen wurden falsche Ursachen vom Diagnoseverfahren ermittelt (vgl. Abb. 8-5). Ursächlich hierfür war meist ein beobachtetes Symptom, das noch nicht als zustandsbeschreibendes Merkmal definiert war oder aber wegen fehlerhafter Beschreibung des Merkmals oder der Merkmalsausprägungen während des Diagnoseprozesses nicht durch den Instandhaltungsmitarbeiter identifiziert werden konnte. Durch Ergänzung und entsprechender Korrektur des Diagnosewissens konnte die Anzahl fehlerhafter Diagnosen jedoch weiter reduziert werden.

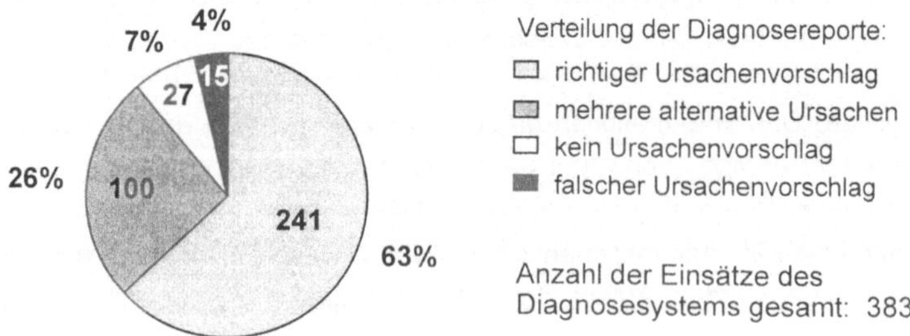

Abb. 8-5: Anwendungsergebnis des reportbasierten Diagnoseverfahrens

Mit dem Verfahrenseinsatz in der betrieblichen Praxis konnte der Nachweis erbracht werden, daß das entwickelte reportbasierte Diagnoseverfahren den gestellten Anforderungen gerecht wird. Dies war nur durch die ganzheitliche Betrachtung von Wissensakquisition, Wissensrepräsentation und Wissensverarbeitung möglich. Durch den Einsatz des reportbasierten Diagnoseverfahrens konnte im Anwendungsfall die Anzahl der fehlerhaften Produkte reduziert und eine Erhöhung der technischen Maschinenverfügbarkeit erreicht werden. Durch die Bereitstellung von umfangreichem Diagnosewissen in Form von Diagnosereporten sowie deren DV-gestützte Verarbeitung durch das System FADIS[++] konnten die Mitarbeiter des Produktionsbereichs die Anzahl der Instandsetzungsaufträge an das Dienstleistungszentrum Instandhaltung um 85 Prozent reduzieren. Störungsbedingte Wartezeiten auf den Instandhaltungsexperten entfallen nahezu vollständig. Insbesondere in den personalarmen Schichten kommt es nur noch selten zu längeren Prozeßstörungen. Zudem konnte eine deutliche Entlastung der Instandhaltungsexperten des Dienstleistungszentrums Instandhaltung und die unternehmensspezifische Sicherung des Fach- und Erfahrungswissens der Instandhaltungsexperten als Erfolg des reportbasierten Diagnoseverfahrens verbucht werden.

9. Zusammenfassung und Ausblick

Die Wettbewerbsfähigkeit eines Unternehmens wird in Zukunft in wesentlich stärkerem Maße von der Leistungsfähigkeit des Instandhaltungsbereiches beeinflußt. Begründet ist dies in der hohen Kapitalbindung bei technologisch zunehmend komplexer werdenden Produktionsanlagen sowie durch den Zwang einer intensiven Auslastung der vorhandenen Ressourcen. Dies stellt den Instandhaltungsbereich vor die zentrale Aufgabe, störungsbedingte Stillstandszeiten der Produktionsanlagen auf ein Mindestmaß zu reduzieren und damit die technische Verfügbarkeit zu maximieren. Insbesondere bei stochastisch auftretenden Maschinenstörungen, die in der Praxis unvermeidbar sind, ist eine rasche Erfassung der Störungsursache und deren Beseitigung eine unabdingbare Voraussetzung zur Erhaltung einer wirtschaftlichen Produktion. Die heutige Anlagenkomplexität und das Zusammenwirken von mechanischen, elektrischen, hydraulischen und pneumatischen Baugruppen erfordert bei der technischen Diagnose ein anlagen- und prozeßspezifisches Know-how, welches von einem einzelnen Mitarbeiter nur schwer beherrscht werden kann. Wissen wird in hochautomatisierten Produktionsbereichen zu einem immer wichtiger werdenden Produktionsfaktor. Von großem Nutzen ist es daher, dem Produktions- und Instandhaltungsmitarbeiter ein Werkzeug an die Hand zu geben, das über technologieübergreifendes Fachwissen verfügt, um rasch und zuverlässig die aufgetretene Störungsursache zu diagnostizieren und die notwendigen Maßnahmen zur Störungsbehebung vorzuschlagen.

Die vorliegende Arbeit leistet einen Beitrag, um das unternehmensspezifische Diagnosewissen zu sichern, allzeit und an verschiedenen Orten zur Verfügung zu stellen und die störungsbedingten Stillstandszeiten von Produktionsmaschinen zu minimieren. Dazu wurde ein Verfahren zur reportbasierten Diagnose von Maschinenstörungen entwickelt, das im Rahmen der störungsbedingten Instandsetzung den Produktions- oder Instandhaltungsmitarbeiter schnell zur Störungsursache führt und ihm eine Maßnahme zur Störungsbeseitigung vorschlägt. Um die Anforderungen eines praxisorientierten Diagnoseverfahrens zu erarbeiten, werden die Verfahrensschritte Wissensakquisition, Wissensrepräsentation und Wissensverarbeitung im ersten Teil der Arbeit detailliert untersucht. Die Interdependenzen zwischen den Verfahrensschritten werden dabei berücksichtigt. In Anlehnung an die erarbeiteten Anforderungen wird der Stand der Technik analysiert.

Aufbauend auf dem Stand der Technik und der Zielsetzung, wird im zweiten Teil der Arbeit für jeden Verfahrensschritt ein gesondertes Modell entwickelt. Das Wissensakquisitionsmodell umfaßt erstmalig eine automatische Akquisition von Wissen aus den Daten eines Instandhaltungsplanungs- und -steuerungssystems (IPS-System) sowie eine direkte Wissenseingabe durch die Diagnoseexperten. Ein Wissensingenieur ist nicht erforderlich. In Abhängigkeit des notwendigen Wissens zur Fehlerdiagnose wurde ein Wissensrepräsentationsmodell erarbeitet, das auf einer statischen Struktur des Diagnoseobjektes und einer chronologischen Symptombeschreibung von bekannten Störungssituationen, sogenannten Diagnosereporten, basiert. Es zeichnet sich insbesondere durch eine Anlagenunabhängigkeit und geringen Pflegeaufwand aus. Ein auf mathematischen Ähnlichkeitsmaßen beruhendes Modell zur Verarbeitung des repräsentierten Diagnosewissens wurde erarbeitet, bei dem insbesondere die Quantifizierung von qualitativen Symptomen und die Möglichkeit zur DV-technischen Verarbeitung im Mittelpunkt stehen. Bei der Konzeption der einzelnen Modelle wurden Diagnoseaspekte und -strategien der Praxis berücksichtigt. Basierend auf dem Wissensakquisitions-, -repräsentations- und -verarbeitungsmodell, wurde ein reportbasiertes Diagnoseverfahren entwickelt, welches in drei Verfahrensschritten beschrieben ist. Hauptaugenmerk ist hier die Anwendbarkeit des Verfahrens in der Praxis. Die Ergebnisse aus einer Praxisanwendung des reportbasierten Diagnoseverfahrens, hierzu wurde ein Systemprototyp realisiert, belegen die Notwendigkeit und die Funktionsfähigkeit des reportbasierten Diagnoseverfahrens. Darüber hinaus konnten die angenommenen Nutzenpotentiale des Diagnoseverfahrens in der Praxisanwendung nachgewiesen werden.

Weiterführende Arbeiten ergeben sich vor dem Hintergrund, daß die zur Verfügung stehenden EDV-Systeme eine immer größere Rechnerleistung bereitstellen. Dadurch besteht die Möglichkeit, weitere Informationen, wie zum Beispiel Symptomanalogien oder Sensor- und Aktorsignale, bei der Wissensverarbeitung zu berücksichtigen. In diesem Zusammenhang ist eine Integration des hier entwickelten Diagnoseverfahrens in die Maschinensteuerung zu untersuchen. Ein weiterer Aufgabenbereich ergibt sich durch die Frage nach der Übertragbarkeit von gespeichertem, anlagenspezifischen Diagnosewissen auf andere Anlagen. Darüber hinaus ist zu überprüfen, ob das entwickelte Verfahren zur reportbasierten Diagnose von Maschinenstörungen auf andere Bereiche der technischen Diagnose angewendet werden kann. Als weitere Anwendungsbereiche kann die Diagnose von Qualitätsfehlern im Qualitätssicherungsbereich oder die Diagnoseunterstützung im technischen Kundendienst genannt werden.

10. Schrifttum

[Abu91]   Abu-Hanna, A.; Benjamins, R.; Jansweijer, W.: Device Understanding and Modelling for Diagnosis. In: IEEE Expert, April 1991

[Alth92]   Althoff, K. D.; Weß, S.: Ähnlichkeit in PATDEX. In: SEKI Working Paper SWP-92-11 (Sonderforschungsbereich 314) Workshop: Ähnlichkeit von Fällen beim fallbasierten Schließen, Kaiserslautern, 1992

[Alth92a]   Althoff, K. D.; Weß, S.; Bartsch-Spörl, B.; Janetzko, D.; Maurer, F.; Voß, A.: Fallbasiertes Schließen in Expertensystemen: Welche Rolle spielen Fälle für wissensbasierte Systeme? In: Künstliche Intelligenz 4/92

[Barl91]   Barletta, R.: An Introduction to Case Based Reasoning. AI Expert, August 1991

[Bart90]   Bartl, R.: Datenmodellgestützte Wissensverarbeitung zur Diagnose- und Informationsunterstützung in technischen Systemen. Dissertation an der Universität Karlsruhe, 1990

[Beit86]   Beitz, W.: Küttner, K.-H.: Taschenbuch für den Maschinenbau. 15. Auflage, Springer-Verlag, Berlin, Heidelberg, 1986

[Bied85]   Biedermann, H.: Erfolgsorientierte Instandhaltung mit Kennzahlen. TÜV Rheinland Verlag, Köln, 1985

[Birk93]   Birkel, G.: Ein Wissenserwerbssystem für die Diagnose in komplexen Produktionsanlagen. In: Zeitschrift für wirtschaftliche Fertigung, 6/93

[Bock74]   Bock, H.: Automatische Klassifikation - Theoretische und praktische Methoden zur Gruppierung und Strukturierung von Daten. Hrsg.: Grotemeyer, R., Verlag Vandenhoeck & Ruprecht, Göttingen, 1974

[Bons88]   Bonse, E.: Eklatanter Personalmangel bei Wissensingenieuren, Wissen muß man schürfen wie einen Diamanten. In: VDI Nachrichten Nr. 40, 1988.

[Bosc93]   Bosch, K.: Elementare Einführung in die Wahrscheinlichkeitsrechnung. Vieweg Verlag, Braunschweig, 5. Auflage, 1993

[Brau87]   Brauer, W.; Wahlster, W.: Wissensbasierte Systeme. 2. Internationaler GI-Kongreß. Springer-Verlag, Berlin, Heidelberg, New York, 1987

[Bran82]   Brandt, H.: Diagnose an Werkzeugmaschinen und Fertigungsüberwachung. In: Werkstatt und Betrieb 115, Heft 6, 1982

[Brec94]   Brechtken, R.: Politische Rahmenbedingungen zur industriellen Standortsicherung Deutschland. Fachbeitrag auf dem 9. Fertigungstechnischen Kolloqium Stuttgart: Zukunftssicherung durch Innovation. Springer Verlag, Berlin, Heidelberg, New York, 1994

[Bron84]   Bronstein, I. N.; Semendjajew, K. A.: Taschenbuch der Mathematik. 21. Auflage, Verlag Harri Deutsch, Thun, Frankfurt M., 1984

[Budd 91]   Budde, R.: Rechnergestützte Instandhaltung, CIM-Management 2/91

[Bull90]   Bullinger, H.-J.: Integrationspotentiale von Expertensystemen in der Produktion. In: Technische Rundschau, Heft 31, 1990

[Dieh92]   Diehl, G.: Steuerungsperipheres Diagnosesystem für Fertigungseinrichtungen auf Basis überwachungsgerechter Komponenten. Dissertation an der Universität Stuttgart, Springer-Verlag, Berlin, Heidelberg, 1992

[DIN 31051] N.N.: Instandhaltung Teil 1, Begriffe und Maßnahmen. Beuth Verlag, Berlin, 1985

[DIN 31053] N.N.: Informationssysteme für die Instandhaltung Teil 1, Grundlagen. Beuth Verlag, Berlin, 1985

[DIN 40150] N.N.: Begriffe zur Ordnung von Funktions- und Baueinheiten. Beuth Verlag, Berlin, 1979

[DIN 44300] N.N.: Informationsverarbeitung, Teil 1: Allgemeine Begriffe. Beuth Verlag, Berlin, 1988

[Ditt79]   Ditterich, K.; Schneider, H.: Systemanalyse und Prozeßstrategie. Verlag Karl Thiemig, München, 1979

[DKIN2]   N.N.: DKIN Empfehlung Nr. 2. Gliederung der Instandhaltungsmaß-nahmen. Hrsg.: Deutsches Komitee Instandhaltung e.V., Düsseldorf, 1987

[DKIN4]   N.N.: DKIN Empfehlung Nr. 4. EDV in der Instandhaltung. Hrsg.: Deutsches Komitee Instandhaltung e.V., Düsseldorf, 1991

[DKIN80]   N.N.: Wirtschaftliche Bedeutung der Instandhaltung. Hrsg.: Deutsches Komitee Instandhaltung e.V., Düsseldorf, 1980

[Düsp90]   Düspohl, R.: Konstruktgitter-Verfahren, KI-Lexikon. In: Künstliche Intelligenz, Heft 2, 1990

[Fähn90]   Fähnrich, K.-P.: Ein System zur wissensbasierten Diagnose an CNC-Werkzeugmaschinen durch den Maschinenbediener. Dissertation an der Universität Stuttgart, Springer Verlag, Berlin, Heidelberg, 1990

[Fath92]   Fathi-Torbaghan, M.: Beitrag zum Einsatz von wissensbasierten Systemen zur Anlagendiagnose. Dissertation an der Universität Dortmund, VDI-Verlag, Düsseldorf, 1992

[Fied90]   Fiedler, U.: Expertensysteme in der technischen Diagnostik. Technik Verlag, Berlin, 1990

[Früc88]   Früchtenicht, H. W.: Wissensrepräsentation und Schlußfolgerungsver-fahren. Oldenbourg Verlag, München, 1988

[Frey93]   Freyermuth, B.: Wissensbasierte Fehlerdiagnose am Beispiel eines Industrieroboters. Dissertation an der Technischen Hochschule Darmstadt, 1993

[Fult90]   Fulton, S.; Pepe, C.: An Introduction to Model-based Reasoning. In: AI Expert 1, 1990

[Gain88]   Gaines, B.R.; Boose, J.H.: Knowledge Acquisition for Knowledge Based Systems. Academic Press, London, 1988

[Gapp89]   Gappa, U.: CLASSIKA: A Knowledge Acquisition Tool for Use by Experts. Proceedings of the AAAI-Workshop on Knowledge Acquisition, Banff, Kanada, 1989

[Glei91]   Gleisinger, R.: Wissensbasierte technische Diagnose von komplexen Anlagen und Prozessen. CIM Management Heft 5, 1991

[Gloc92]   Glockmann, K.: Wissensaufbereitung für ein Diagnosesystem bei flexiblen Fertigungseinrichtungen. Dissertation an der Technischen Universität Magdeburg, 1992

[Gord85]   Gordon, J.; Shortliffe, E.: A Method for Managing Evidential Reasoning in a Hierarchical Hypothesis Space. AI-Journal 26, No. 3, 1985

[Grim87]   Grimm, W.: Diagnosesystem für steuerungsperiphere Fehler an Fertigungseinrichtungen. Dissertation an der Universität Stuttgart, 1987

[Hack92]   Hackstein, R.; Sent, B.: Arbeitsvorbereitung in der Instandhaltung. In: Handbuch Instandhaltung Band 1:, Instandhaltungsmanagement, Hrsg.: Warnecke, H.-J., TÜV Rheinland Verlag, Köln, 1992

[Hake91]   Hake, F. O.: Entwicklung eines rechnergestützten Diagnosesystems für automatisierte Montagezellen. Dissertation an der Universität Erlangen-Nürnberg. Carl Hanser Verlag, München, Wien, 1991

[Harm86]   Harmon, P.; King, D.: Expertensysteme in der Praxis - Perspektiven, Werkzeuge, Erfahrungen. Oldenbourg Verlag, München, 1986

[Harm89]   Harmon, P.; Maus, R.; Morissey, W.: Expertensysteme - Werkzeuge und Anwendungen. Oldenbourg Verlag, München, Wien, 1989

[Harm92]   Harmon, R. L.: Reinventing the Factory II. Managing the World Class Factory. Maxwell Macmillan International, New York, Oxford, Singapore, Sydney, 1992

[Härd92]   Härdtner, G. M.: Wissensstrukturierung in Diagnoseexpertensystemen für Fertigungseinrichtungen. Dissertation an der Universität Stuttgart, Springer Verlag, Berlin, Heidelberg, 1992

[Haye83]   Hayes-Roth, F.: Building Expert Systems. Addision-Wesley Publishing Company, Massachusetts, 1983

[Held88]   Held, H.-J.: Konzept und Realisierung eines wissensbasierten Fehleranalysesystems für kaltumformende Fertigungseinrichtungen. Dissertation an der RWTH Aachen, VDI Verlag, Düsseldorf, 1988

[Henn91]   Hennings, R.-D.: Informations- und Wissensverarbeitung: Theoretische Grundlagen wissensbasierter Systeme. De Gruyter Verlag, Berlin, New York, 1991

[Himm92]   Himmer, H.: Geplante Instandhaltung mit EDV-Unterstützung, ein Erfahrungsbericht. In: Tagungsband Techno Congress: Instandhaltung im Brennpunkt der Rationalisierung, München, Juni 1992

[Hörm90]   Hörmann, K.; Hübner, T.: Ein Werkzeug zur modellbasierten Diagnose technischer Anlagen. In: KI 4, 1990

[Hofm93]   Hofmann, W.: Entwicklung eines Diagnosesystems zur Ankopplung an ein Instandhaltungsplanungs- und Steuerungssystem. Studienarbeit am Institut für industrielle Fertigung und Fabrikbetrieb, Betreuer: W. Wincheringer, Stuttgart, 1993

[Hubk73]   Hubka, V.: Theorie der Maschinensysteme. Springer-Verlag, Berlin, Heidelberg, 1973

[Hüfn92]   Hüfner, E.: Ein Beitrag zur Überwachung und Diagnose beim Radialumformen am Beispiel der Radialumformmaschinen RUMX-2000. Dissertation an der Universität Stuttgart. Springer-Verlag, Berlin, Heidelberg, 1992

[Iser94]   Isermann, R. (Hrsg.): Überwachung und Fehlerdiagnose - moderne Methoden und ihre Anwendungen bei technischen Systemen. VDI-Verlag, Düsseldorf, 1994

[ISO4092]   Diagnostic systems for motor vehicles; Vocabulary. Beuth Verlag, Berlin, 1992

[Jack86]   Jackson, P.: Expertensysteme. Addison Wesley Verlag, New York, 1986

[Jaco92]   Jacobi, H. F.: Begriffliche Abgrenzungen. In: Handbuch Instandhaltung Band 1; Instandhaltungsmanagement, Hrsg.: Warnecke, H.-J., TÜV Rheinland Verlag, Köln, 1992

[JaWi91]   Jacobi, H.-F.; Wincheringer, W.: Expertensysteme im Instandhaltungs-bereich - Tendenz steigend, aber weiterhin Zweifel an der Realisierbar-keit. In: Technische Rundschau, Heft 51/52, 1991

[Karb89]   Karbach, W.: Modellbasierte Wissensakquisition, KI-Lexikon. In: Künstliche Intelligenz, Heft 4, 1989

[Keun91]   Keuneke, A. M.: Device representation, the significance of functional knowledge. In: IEEE Expert, April 1991

[Kidd87]   Kidd, A.: Knowledge Acquisition for Expert System. Pöenum Press, New York, 1987

[Kira89]   Kiratli, G.: Konzept und Realisierung eines wissensbasierten Systems zur Diagnose und Bedienunterstützung bei komplexen Fertigungseinrichtungen. Dissertation an der RWTH Aachen, 1989

[Koll85]   Koller, R.: Konstruktionslehre für den Maschinenbau. 2. Auflage, Springer Verlag, Berlin, Heidelberg, 1985

[Kolo91]   Kolodner, J.: Improving Human Decision Making through Case-Based Decision Aiding. In: AI Magazine, Summer 1991

[Kolo93]   Kolodner, J.: Case Based Reasoning. Morgan Kaufmann Publishers Inc., 1993

[Krem91]   Krems, J.: Expertensysteme: Der Höhenflug ist vorläufig zu Ende. In: Computerwoche Nr. 6, 1991

[Kurb89]   Kurbel, K.: Entwicklung und Einsatz von Expertensystemen: Eine anwendungsorientierte Einführung in wissensbasierte Systeme. Springer Verlag, Berlin, Heidelberg, 1989

[Lang92]   Lang, C.: Wissensbasierte Unterstützung der Verfügbarkeitsplanung. Dissertation an der Universität München; Springer Verlag, Berlin, Heidelberg, New York, 1992

[Lang93]   Lange, U.; Thomaßen, V.; Oberbannscheidt, F.: Entwicklung und Realisierung eines Konzeptes zur Erhöhung der Arbeitssicherheit durch Kopplung von Maschinen- und Prozeßdiagnosesystemen mit Instandhaltungsplanungs- und -steuerungssystemen. Schlußbericht zum EKGS Forschungsvorhaben Nr. 7262/25/212/01. Forschungsinstitut für Rationalisierung an der RWTH Aachen, 1993

[Lang95]   Lange, U.; Richter, A.: Marktspiegel Instandhaltungsplanungs- und -steuerungssysteme. TÜV Rheinland Verlag, Köln, 1995

[Ledw92]   Ledwon, R.; Leuchtmann, K.-P.: Störfälle einkalkulieren. Expertensystem zur umfassenden Fehlerdiagnose. In: Maschinenmarkt Heft 98/18, 1992

[Luft92]   Luft, H.; Jacobi, H. F.: Expertensysteme im Instandhaltungsbereich. In: Handbuch Instandhaltung Band 1: Instandhaltungsmanagement, Hrsg.: Warnecke, H.-J., TÜV Rheinland Verlag, Köln, 1992

[Lutz88]   Lutze, R.: Unterschiede zwischen Expertensystemen und konventionellen Lösungen - dargestellt am Beispiel aus der Werkzeugmaschinendiagnose. VDI - AWF Fachtagung: Expertensysteme in der Betrieblichen Praxis, Eschborn, 1988

[Männ91]   Männel, W.: Softwaresysteme für die Instandhaltung - Module, Grundfunktionen und Marktübersicht. In: CIM-Management, Heft 2/91, 1991

[Männ92]   Männel, W.: Ausfallkosten. In: Handbuch Instandhaltung Band 1: Instandhaltungsmanagement, Hrsg.: Warnecke, H.-J., TÜV Rheinland Verlag, Köln, 1992

[Männ94]   Männel, W.: Moderne Softwaresysteme und erfolgreiche Praxislösungen für die Instandhaltung. Fachtagung 1994, Verlag der Gesellschaft für angewandte Betriebswirtschaft mbH, Lauf an der Pegnitz, 1994

[Marc88]   Marcus, S.: Automating Knowledge Acquisition for Expert Systems. Kluwer Academic Publisher, Norwell Massachusetts, 1988.

[Marc90]   Marchand, H.: Aus der Praxis der Wissensakquisition. In: Künstliche Intelligenz, Heft 2, 1990

[Maßb91]   Maßberg, W.; Seifert, H.-J.: Unabhängig von der Anwendung. Fehler und Störungen erkennen in automatisierten Produktionsanlagen mit Hilfe geeigneter Diagnosesysteme. In: Maschinenmarkt, Heft 97/38, 1991

[Mehl87]   Mehles, H.: Analyse-Verfahren zur Maschinen- und Prozeßüberwachung. Dissertation an der RWTH Aachen, VDI Verlag, Düsseldorf, 1987

[Mert90]   Mertens, P.: Expertensysteme in der Produktion: Praxisbeispiele aus Diagnose und Planung; Entscheidungshilfen für den wirtschaftlichen Einsatz. Oldenbourg Verlag, München, 1990

[Mich86]   Michalski, R. S.: Understanding the nature of learning: Issues an Research Directions. In: Michalski, R. S.; Carbenell, J. G.; Mitchell, T. M.: Machine Learning Vol. II, Los Altos, CA, 1986

[Milb87]   Milberg, J.; Reithofer, N.: Ausfallverhalten automatisierter Fertigungsanlagen. In: Industrie-Anzeiger, Nr. 80, 1987

[Mins91]   Minsky, M.: Intelligente Waffen und andere Erfolge der KI-Forschung. Gespräch Marvin Minsky mit Karlhorst Klotz. In: Künstliche Intelligenz 2/91, 1991

[Möll86]   Möller, H.: Integrierte Überwachungs- und Diagnosesysteme für numerische Steuerungen. Dissertation an der Universität Stuttgart, Springer-Verlag, Berlin, Heidelberg, New York, 1986

[Mohr88]   Mohrmann, D.: Rechtzeitige Störungen an Produktionsanlagen erkennen. In: Instandhaltungsmanagement der 90er Jahre, Hrsg.: Jungmann, R., Frankfurter Allgemeine Zeitung Verlag, Frankfurt, 1988

[Naß88]   Naß, T.; Syska, A.: Entwicklung eines EDV-gestützten Organisationskonzeptes für Instandhaltung, In: Zeitschrift für wirtschaftliche Fertigung 83, 1988

[Naß93]   Naß, T.: Erfahrungen beim Einsatz von EDV-Systemen in der Instandhaltung. In: Unternehmensgerechte Instandhaltung. Hrsg. P. Hartung, Expert Verlag, Ehningen, 1993

[Noe91]   Noe, T.: Rechnergestützter Wissenserwerb zur Erstellung von Überwachungs- und Diagnoseexpertensytemen für hydraulische Anlagen. Dissertation an der Universität Karlsruhe, 1991

[Nold91]   Nold, S.: Wissensbasierte Fehlererkennung und Diagnose mit den Fallbeispielen Kreiselpumpe und Drehstrommotor. Dissertation an der Technischen Hochschule Darmstadt. VDI-Verlag Düsseldorf 1991

[Paal90]   Paal, T.: Auswahlgesichtspunkte für Wissenserwerbstechniken. In: Künstliche Intelligenz, Heft 2, 1990

[PaBe77]   Pahl, G.; Beitz,W.: Konstruktionslehre. Springer Verlag, Berlin, Heidelberg, 1977

[Pau81]   Pau, L. F.: Failure diagnosis and performance monitoring. Marcel Dekker, New York, 1981

[Pfei95]   Pfeifer, T.; Grob, R.; Konaris, P.: Teamgestützte Erfassung von Erfahrungswissen zur Fehleranalyse. In: Tagungsband der 3. Deutschen Expertensystemtagung, Kaiserslautern 1995

[Pfit93]   Pfitzner, K.: Fallbasiertes Konfigurieren technischer Systeme. Dissertation an der Universität Hamburg, 1993

[Punc92]   Punch, W. F.: Large Interactions of Compiled and Causal Reasoning in Diagnosis. In: IEEE Expert, February 1992

[Pupp87]   Puppe, F.: Diagnostisches Problemlösen mit Expertensystemen. Springer Verlag, Berlin, Heidelberg, 1987

[Pupp88]   Puppe, F.: Einführung in Expertensysteme. Springer Verlag, Berlin, Heidelberg, 1988

[Pupp90]   Puppe, F.: Problemlösungsmethoden in Expertensystemen. Springer Verlag, Berlin, Heidelberg, 1990

[Reic93]   Reich, R.B.: Die neue Weltwirtschaft. Ullstein Verlag, Frankfurt am Main, 1993

[Reim91]   Reimer, U.: Einführung in die Wissensrepräsentation. B. G. Teubner Verlag, Stuttgart, 1991

[Reit87]   Reithofer, N.: Nutzungssicherung von flexiblen automatisierten Produktionsanlagen. Dissertation an der Universität München, Springer Verlag, Berlin, Heidelberg, New York, 1987

[Reus92]   Reuschenbach, W.: Entwicklung und Einsatz eines universellen Stördatenerfassungssystems mit wissensbasierter Diagnose für Produktionseinrichtungen. Dissertation an der RWTH Aachen, 1992

[Rhod91]   Rhodes, P. C.; Karakoulas, G. J.: A probabilistic model-based method for diagnosis. In: Artificial Intelligence in Engineering, Vol 6, No 2, Computational Mechanics Publ., Woburn, Mass., 1991

[Ries89]   Riesbeck, Ch. K.; Schank, R. C.: Inside Case Based Reasoning. From the Institute for the Learning Sciences, Northwestern University of Evanston, Illinois, Lawrence Erlbaum Associates Publishers, USA, New Jersey, 1989

[Rode90]   Rodenacker, W: Methodisches Konstruieren. 2. Auflage, Springer Verlag, Berlin, Heidelberg, 1990

[Ropo75]   Ropol, G.: Systemtechnik - Grundlagen und Anwendung. Carl Hanser Verlag, München 1975

[Roth82]   Roth, K.: Konstruieren mit Konstuktionskatalogen, Systematisierung und zweckmäßige Aufbereitung technischer Sachverhalte für das methodische Konstruieren. Springer Verlag, Berlin, Heidelberg, 1982

[Sach74]   Sachs, L.: Angewandte Statistik, Planung und Auswertung, Methoden und Modelle. 4. Auflage, Springer Verlag, Berlin, Heidelberg, 1974

[Sand91]   Sandner, R.; Kurz, E.: Expertensysteme in Produktion und Engineering, Eine anwendungsbezogene Einführung. In: IAO-Forum Expertensysteme in Produktion und Engineering. Forschung und Praxis, Band T23. Springer-Verlag, Berlin, Heidelberg 1991

[Schi88]   Schirmer, K.: Techniken der Wissensakquisition. In: Künstliche Intelligenz Heft 4, 1988

[Schn85]   Schneider-Fresenius, W. (Hrsg.): Technische Fehlerfrühdiagnose-einrichtungen: Stand der Technik und neuartige Einsatzmöglichkeiten in der Maschinenbauindustrie. Oldenbourg Verlag, München, 1985

[Schn88]   Schneider, H. J.: Erhöhung der Verfügbarkeit von hochautomatisierten Produktionseinrichtungen mit Hilfe der Fertigungsleittechnik. Dissertation an der Universität Karlsruhe, 1988

[Schö91]   Schönecker, W.: Betrieb flexiber Produktionszellen - wissensbasierte Diagnose als Hilfsmittel. In: wt - Werkstattstechnik 81, 1991

[Schr88]   Schroeder, C.: Die Künstliche Intelligenz entläßt ihre Kinder. In: VDI Nachrichten Nr. 40, 1988

[Schu88]   Schulte, W,; Küffner, G.: Instandhaltungsmanagement der 90er Jahre. Verlag Frankfurter Allgemeine Zeitung, Frankfurt 1988

[Schu93]   Schulz-Kratzenberg, S.: Instandhaltungsplanung automatischer Monta-
            geanlagen. Dissertation an der Universität Hannover, VDI-Verlag,
            Düsseldorf, 1993

[Seba94]   Sebastiany, T.: Erkennung von Fehlermerkmalen bei der Instandsetz-
            ung und Wartung vernetzter Automatisierungssyteme. Dissertation an
            der Universität Karlsruhe, VDI-Verlag, Düsseldorf, 1994

[Seib95]   Seibert, M.: Die Instandhaltung im Wirkungskreis der Total Productive
            Maintenance (TPM). In: Tagungsband Techno Congress: Der Instand-
            halter im Mittelpunkt einer schlanken Produktion, München, 1995

[Seif92]   Seifert, H.-J.: Modellgestützte Diagnose komplexer Produktionssysteme
            - ein Beitrag zur Erhöhung der Verfügbarkeit kapitalintensiver Ferti-
            gungsanlagen. Dissertation an der Universität Bochum, 1992

[Sihn92]   Sihn, W.: Ein Informationssystem für Instandhaltungsleitstellen. Disser-
            tation an der Universität Stuttgart, Springer-Verlag, Berlin, Heidelberg,
            New York, 1992

[Sihn94]   Sihn, W.; Stender, S.; Wincheringer, W.: Dezentrale Anlagen- und
            Prozeßverantwortung. Verlag Königsbrunner Seminare, Augsburg,
            1994

[Slad91]   Slade, S.: Case Based Reasoning: A Research Paradigm. In: AI
            Magazine, Spring 1991

[Spec89]   Specht, D.: Wissensbasierte Systeme im Produktionsbetrieb. Hanser
            Verlag, München, 1989

[Staa90]   Staab, R.: Wissenserhebung - Ein Blick in die Praxis. In: Künstliche
            Intelligenz, Heft 2, 1990

[Stec92]   Stechow, A.: Ein Expertsystem zur Fehlerdiagnose. Diplomarbeit am
            Fraunhofer-Institut für Produktionstechnik und Automatisierung,
            Betreuer: W. Wincheringer, Stuttgart, 1992

[Steg94]   Steger, W.: Wissensbasiertes Selbstheilungs- und Diagnosesystem für
            CNC-Koordinatenmeßgeräte. Dissertation an der Universität Stuttgart,
            Springer Verlag, Berlin, Heidelberg, New York, 1994

[Stöf75]   Stöferle, T.; Hohmann, H.: Automatische Überwachung und Fehlerdiagnose an Werkzeugmaschinen. In: Werkstatt und Betrieb 108/11, 1975

[Stor90]   Storr, A. Wiedmann, H.: DESIS - Eine Expertensystemshell für die technische Diagnose. In: CIM Management 4/1990

[Stur90]   Sturm, A., Förster, R.: Maschinen- und Anlagendiagnostik für die zustandsbezogene Instandhaltung. Teubner Verlag, Stuttgart, 1990

[Thom92]   Thomaßen, V.: Entwicklungsstand der rechnergestützten Planung und Steuerung in der Instandhaltung. In: CIM-Management 5/1992

[VDI 2221]   Methodik zum Entwickeln und Konstruieren technischer Systeme und Produkte. Beuth Verlag, Berlin, 1986

[VDI 2222]   Konstruktionsmethodik, Konzipieren technischer Produkte, Blatt 1. Beuth Verlag, Berlin, 1977

[VDI 2510]   Fahrerlose Transportsysteme (FTS), VDI-Handbuch Materialfluß und Fördertechnik. Beuth Verlag, Berlin, 1992

[VDI 2880]   Speicherprogrammierbare Steuergeräte, Blatt 1-4. Beuth Verlag, Berlin, 1985

[VDI 2893]   Bildung von Kennzahlen für die Instandhaltung, Entwurf. Beuth Verlag: Berlin, 1989

[VDI 3822]   Schadensanalyse, Blatt 1-4. Beuth Verlag, Berlin, 1984

[VDI 4004]   Zuverlässigkeits- und Verfügbarkeitskenngrößen, Blatt 4, VDI-Handbuch Technische Zuverlässigkeit. VDI-Verlag, Düsseldorf, 1986

[Voss86]   Voss, H.: Representing and Analyzing Causal, Temporal, and Hierarchical Relations of Devices. Dissertation an der Universität Kaiserslautern, 1986

[Warn92]   Warnecke, H.-J.: Die Fraktale Fabrik. Revolution der Unternehmenskultur. Springer-Verlag, Berlin, Heidelberg, 1992

[Warn93]   Warnecke, H.-J.: Der Produktionsbetrieb, Band 1. Springer-Verlag, Berlin, Heidelberg, 1993

[Warn95]   Warnecke, H.-J.: Aufbruch zum Fraktalen Unternehmen. Praxisbeispiele für neues Denken und Handeln. Springer-Verlag, Berlin, Heidelberg, 1995

[Weß91]   Weß, S.: PATDEX/2 ein System zum adaptiven, fallfokussierenden Lernen in technischen Diagnosesituationen. SEKI Working Paper SWP-91-01 (Sonderforschungsbereich 314), Kaiserslautern, 1991

[Weß92]   Weß, S.: Fallbasiertes Schließen in Deutschland - Eine Übersicht. In Künstliche Intelligenz 4/92, 1992

[West94]   Westerbusch, R.: Entwicklung eines lernfähigen transputergestützten Werkzeugmaschinendiagnosesystems. Dissertation an der Technischen Universität Braunschweig, 1994

[Wied92]   Wiedmann, H.: Objektorientierte Wissensrepräsentation für die modellbasierte Diagnose an Fertigungseinrichtungen. Dissertation an der Universität Stuttgart, Springer-Verlag: Berlin, Heidelberg, New York 1992

[WinX95]   Wincheringer, W.: Reportbasiertes Wissensmanagement in der technischen Diagnostik. Service-Support-Systeme - Innovative Techniken für Kundendienst, Wartung und Serviceaufgaben. Workshop auf der 3. Deutschen Expertensystemtagung (XPS-95). Kaiserslautern 1995

[WinC95]   Wincheringer, W.: Case Based Knowledge Management in technical Diagnosis. Contribution of the 5th International Congress on Condition Monitoring and Diagnostic Engineering Management (COMADEM 95), Kingston, Canada

[WinF95]   Wincheringer, W.: Report Based Diagnosis Process for Maintenance and Technical Service. In: Flexible Autamation and Intelligent Manufacturing. Proceeding of the 5th International FAIM Conference, Hrsg.: Schraft, R. D. u.a., Verlag: Begell House Inc., New York, 1995

[Wirt89]   Wirth, G.: Konzept und Realisierung eines wissensbasierten Systems zur Diagnose und Bedienerunterstützung bei komplexen Fertigungseinrichtungen. Dissertation an der RWTH Aachen 1989

[WiSt95]   Wincheringer, W.; Stender, S.: Integration indirekter Bereiche in die Wertschöpfungskette. In: Unternehmensmanagement in turbulentem Umfeld. Hrsg.: Sihn, W., Hanser Verlag, München, 1995

[Woma90]   Womack, J. P.; Jones, D. T.; Roos, D.: The machine that changed the world. Rawson Associates, New York, 1990

[Wohl78]   Wohllebe, H. (Hrsg.): Technische Diagnostik im Maschinenbau. Carl Hanser Verlag, München, 1978

IPA Forschung und Praxis

Schriftenreihe aus dem Institut für Produktionstechnik und
Automatisierung, Stuttgart

Herausgeber: Prof. Dr.-Ing. H. J. Warnecke

IPA Forschung und Praxis

Berichte aus dem Fraunhofer-Institut für Produktionstechnik und Automatisierung, Stuttgart, und dem Institut für Industrielle Fertigung und Fabrikbetrieb der Universität Stuttgart

Herausgeber: Prof. Dr.-Ing. H. J. Warnecke

---

38 **Arbeitsgangterminierung mit variabel strukturierten Arbeitsplänen — Ein Beitrag zur Fertigungssteuerung flexibler Fertigungssysteme**
Von U Maier ISBN 3-540-10213-2
1980, 111 Seiten mit 45 Abbildungen .   43.-- DM

39 **Kapazitätsabgleich bei flexiblen Fertigungssystemen**
Von P S Nieß ISBN 3-540-10372-4
1980, 151 Seiten mit 57 Abbildungen   48. DM

40 **Schichtdickenverteilung auf galvanisierten Paßteilen am Beispiel kleiner abgesetzter Wellen und Bohrungen**
Von D Wolfhard ISBN 3-540-10373-2
1980, 177 Seiten mit 83 Abbildungen   48. DM

41 **Planung von Mehrstellenarbeit unter Berücksichtigung von Umfeldaufgaben**
Von S Haußermann ISBN 3-540-10374-0
1980, 136 Seiten mit 59 Abbildungen   48. DM

42 **Untersuchungen zur Schmierfilmdicke in Druckluftzylindern — Beurteilung der Abstreifwirkung und des Reibungsverhaltens von Pneumatikdichtungen mit Hilfe eines neu entwickelten Schmierfilmdickenmeßverfahrens**
Von R Kohnlechner ISBN 3-540-10375-9
1980, 100 Seiten mit 38 Abbildungen und 4 Tabellen   43.— DM

43 **Typologie zum überbetrieblichen Vergleich von Fertigungssteuerungsverfahren im Maschinenbau**
Von G Rabus ISBN 3-540-10376-7
1980, 174 Seiten mit 88 Abbildungen und 21 Tafeln   48.— DM

44 **System zur Planung des Umlaufbestandes in Betrieben mit Serienfertigung**
Von K -G Wilhelm ISBN 3-540-10377-5
1980, 142 Seiten mit 67 Abbildungen und 15 Tafeln   48.— DM

45 **Rechnerunterstützte Arbeitsplanerstellung mit Kleinrechnern, dargestellt am Beispiel der Blechbearbeitung**
Von W Hoheisel ISBN 3-540-10505-0
1981, 169 Seiten mit 74 Abbildungen   48.— DM

46 **Beitrag zur Verbesserung der Wirtschaftlichkeit EDV-unterstützter Fertigungssteuerungssysteme durch Schwachstellenanalyse**
Von J Lienert ISBN 3-540-10506-9
1981, 148 Seiten mit 37 Abbildungen   48.— DM

47 **Die Abscheidung von Öl an Entlüftungsöffnungen drucklufttechnischer Anlagen**
Von W -D Kiessling ISBN 3-540-10604-9
1981, 117 Seiten mit 48 Abbildungen und 3 Tabellen   43.— DM

48 **Dynamische Optimierung technisch-ökonomischer Systeme**
Von J Warschat ISBN 3-540-10717-7
1981, 132 Seiten mit 60 Abbildungen   43.-- DM

49 **Bildsensor zur Mustererkennung und Positionsmessung bei programmierbaren Handhabungsgeräten**
Von H Geißelmann ISBN 3-540-10735-5
1981, 125 Seiten mit 52 Abbildungen   43.-- DM

50 **Verfügbarkeitsberechnung für komplexe Fertigungseinrichtungen**
Von Ekkehard Gericke. ISBN 3-540-10779-7
1981, 132 Seiten mit 71 Abbildungen   43.— DM

51 **Materialflußgestaltung in Fertigungssystemen**
Von Willi Roßner ISBN 3-540-10888-2
1981, 149 Seiten mit 76 Abbildungen   48.— DM

52 **Beitrag zur Analyse der Auswirkungen der Mikroelektronik, dargestellt am Beispiel der Büromaschinen-Industrie**
Von Werner Neubauer ISBN 3-540-10991-9
1981, 145 Seiten mit 27 Abbildungen und 47 Tabellen   43.— DM

53 **Modelle von Informationssystemen zur kurzfristigen Fertigungssteuerung und ihre Gestaltung nach betriebsspezifischen Gesichtspunkten**
Von Roland Gentner ISBN 3-540-10992-7
1981, 181 Seiten mit 69 Abbildungen und 7 Tabellen.   48.— DM

54 **Entwicklung von Verfahren zur Terminplanung und -steuerung bei flexiblen Montagesystemen**
Von Jurgen H Kolle ISBN 3-540-11227-8
1981, 132 Seiten mit 64 Abbildungen und 1 Faltplan   43.— DM

55 **Arbeits- und Kapazitätsteilung in der Montage**
Von Stefan Dittmayer ISBN 3-540-11228-6
1981, 124 Seiten und 56 Abbildungen   43.— DM

56 **Beitrag zur systematischen Planung der Qualitätsprüfung bei Klein- und Mittelserienfertigung**
Von Herbert Babic. ISBN 3-540-11325-8
1982, 108 Seiten mit 38 Abbildungen und 7 Tabellen.   53.— DM

IPA-IAO Forschung und Praxis

Berichte aus dem Fraunhofer-Institut für Produktionstechnik und
Automatisierung (IPA), Stuttgart, Fraunhofer-Institut für Arbeitswirtschaft
und Organisation (IAO), Stuttgart, und Institut für Industrielle Fertigung
und Fabrikbetrieb der Universität Stuttgart

Herausgeber: Prof. Dr.-Ing. H. J. Warnecke und Prof. Dr.-Ing. H.-J. Bullinger

Die Bände sind im Erscheinungsjahr und in den folgenden drei Kalenderjahren zu beziehen durch den örtlichen Buchhandel oder durch Lange & Springer, Otto-Suhr-Allee 25–28, 10585 Berlin.